建筑钢结构焊接工艺师

上海市金属结构行业协会　编

中国建筑工业出版社

图书在版编目（CIP）数据

建筑钢结构焊接工艺师/上海市金属结构行业协会编.
—北京：中国建筑工业出版社，2006
ISBN 978-7-112-08486-9

Ⅰ.建… Ⅱ.上… Ⅲ.建筑结构：钢结构-焊接工艺 Ⅳ.TG457.11

中国版本图书馆 CIP 数据核字（2006）第 088298 号

建筑钢结构焊接工艺师
上海市金属结构行业协会 编
*
中国建筑工业出版社出版、发行（北京西郊百万庄）
各地新华书店、建筑书店经销
霸州市顺浩图文科技发展有限公司制版
北京建筑工业印刷厂印刷
*
开本：787×1092 毫米 1/16 印张：12 插页：1 字数：286 千字
2006 年 11 月第一版 2007 年 12 月第二次印刷
印数：3001—4500 册 定价：**21.00 元**
ISBN 978-7-112-08486-9
（15150）

版权所有 翻印必究
如有印装质量问题，可寄本社退换
（邮政编码 100037）

本书针对钢结构焊接工艺师必须掌握的知识和技术作了全面系统的讲解，包括常用钢材、常用焊接材料、常用焊接方法、焊接工艺评定、焊接通用工艺、焊接质量、焊缝的返修、焊接变形、焊接裂纹、焊接工艺实例及焊工资格考试等内容。读者可通过本书熟悉钢结构金属材料的性质、特点及应用，解决实际工程中的疑难问题，掌握并制定钢结构的工艺流程、工艺要领、质量标准、施工进度及应变调整措施，懂得施工技术规范、安全生产规范、机械设备及定额预算等相关内容。本书可以作为钢结构施工的工具书，也可以作为钢结构工艺师的培训教材。

* * *

主　　编：朱光照

责任编辑：徐　纺　邓　卫

责任设计：董建平

责任校对：张树梅　王雪竹

前 言

自改革开放以来，上海钢结构建设发展很快，目前全上海有900多家钢结构企业。一些大型企业引进和自主开发了许多钢结构新设备、新工艺、新技术、新材料，取得了良好的效果。上海市金属结构行业协会根据会员单位的建议和要求——在施工工艺上迫切需要加快钢结构行业专业技术人员的知识更新和提高企业队伍的整体素质，以确保工程质量，针对钢结构施工的四大主体专业技术（焊接、制作、安装和涂装），聘请有关专家编写了这套钢结构工艺师丛书，包括《建筑钢结构焊接工艺师》、《建筑钢结构制作工艺师》、《建筑钢结构安装工艺师》、《建筑钢结构涂装工艺师》。参与编写的专家一致认为，在钢结构建设工程项目中，焊接工艺师、制作工艺师、安装工艺师、涂装工艺师是施工阶段的关键岗位。丛书能使读者熟悉钢结构金属材料的性质、特点及应用，解决实际工程中的疑难问题，掌握并制定钢结构的工艺流程、工艺要领、质量标准、施工进度及应变调整措施，懂得施工技术规范、安全生产规范、机械设备及定额预算等相关内容。丛书可以作为钢结构施工的工具书，也可以作为钢结构工艺师的培训教材。

《建筑钢结构焊接工艺师》由朱光照先生编写，协会曾先后三次组织专家对初稿评审，并多次进行修改和补充。因钢结构行业还会不断出现新工艺、新标准，本书疏漏之处难免，殷切希望业内专家及广大读者指正。

上海市金属结构行业协会的会员目前已经拓展到江苏、浙江、安徽、山东、新疆、北京、甘肃、四川、山西、辽宁、河南、福建等13个省市。我们深信，本套丛书会对提高钢结构施工工艺水平起到良好的促进作用。

上海市金属结构行业协会
2006 年 6 月 20 日

目　录

- §1 概述 1
  - §1.1 建筑钢结构工程的过去、现在和未来 1
  - §1.2 建筑钢结构工程焊接工艺的特点 4
  - §1.3 建筑钢结构焊接工艺师的职业道德 5
- §2 建筑钢结构工程用的主要材料 7
  - §2.1 分类 7
  - §2.2 化学成分和力学性能 7
  - §2.3 标准 12
  - §2.4 缺陷 14
  - §2.5 品种 14
  - §2.6 质量控制手段 48
- §3 常用的焊接材料和辅助材料 52
  - §3.1 药皮焊条 52
  - §3.2 焊丝 55
  - §3.3 焊剂 57
  - §3.4 CO_2 气体（表 71） 59
  - §3.5 熔化嘴 60
  - §3.6 非熔化嘴 61
  - §3.7 助焊剂 61
  - §3.8 栓钉 61
  - §3.9 瓷环（图 11 和表 81） 62
  - §3.10 药芯焊丝 63
  - §3.11 焊接材料的质量控制 67
- §4 常用的焊接方法 69
  - §4.1 同焊接方法有关的符号 69
  - §4.2 药皮焊条手工电弧焊 83
  - §4.3 埋弧焊 84
  - §4.4 CO_2 气体保护焊 88
  - §4.5 电渣焊 93
  - §4.6 栓钉焊 98
- §5 焊工资格考试 99
  - §5.1 一般的焊工资格考试 99
  - §5.2 手工操作技能附加考试 103
  - §5.3 定位焊考试 109

§5.4	电渣焊考试	111
§5.5	栓钉焊考试	111
§5.6	埋弧焊 SAW 和实芯焊丝气体保护焊 GMAW 的一般考试	112
§5.7	发证	114

§6 焊接工艺评定 PQR — 116

§6.1	PQR 的含义	116
§6.2	必须做 PQR 的范围	116
§6.3	PQR 的可替代与不可替代	116
§6.4	PQR 的操作	119
§6.5	焊接工艺评定报告的撰写	128
§6.6	焊接工艺文件的编制	136

§7 焊接通用工艺 — 138

§7.1	焊接材料同母材的匹配	138
§7.2	坡口及其周边的清洁	138
§7.3	焊接材料的烘焙	138
§7.4	焊机的保养和鉴定	139
§7.5	工件的组装（表162）	139
§7.6	定位焊和预热后的定位焊	142
§7.7	引弧板和引出板	143
§7.8	焊接环境	144
§7.9	预热（表164）	144
§7.10	层间（道间）温度控制	145
§7.11	背面清根、打磨及 MT 判断	145
§7.12	后热（去氢）	145
§7.13	焊后热处理	145
§7.14	加热方法	146
§7.15	$t_{8/5}$ 理论	146

§8 焊接质量 — 149

§8.1	焊接质量的重要性	149
§8.2	焊缝的外观检查 VT（表166、表167和表168）	149
§8.3	焊缝的超声波检测 UT	151
§8.4	焊缝的射线检测 RT	151
§8.5	焊缝的磁粉检测 MT	152
§8.6	焊缝的渗透检测 PT	152
§8.7	对无损检测的时间的规定	152

§9 焊缝的返修 — 153

§9.1	焊缝外观缺陷的返修	153
§9.2	焊缝内部缺陷的返修	153
§9.3	焊缝返修的允许次数	154

§10 焊接变形 — 155

  §10.1 焊接变形的防止 ······ 155
  §10.2 焊接变形的矫正 ······ 158
§11 焊接裂纹 ······ 161
  §11.1 焊接裂纹的致命性 ······ 161
  §11.2 焊接裂纹的分类 ······ 161
  §11.3 防止热裂纹的几项有效的工艺措施 ······ 161
  §11.4 防止冷裂纹的几项有效的工艺措施 ······ 162
§12 焊接工程实例 ······ 164
补充资料 ······ 174
建筑钢结构焊接工艺师岗位规范 ······ 180
后记 ······ 181

§1 概　述

§1.1　建筑钢结构工程的过去、现在和未来

§1.1.1　砖木结构房屋沿用了几千年

中国古代的造房概念向来是八个字：木柱，木梁，秦砖，汉瓦。上自帝王将相，下至黎民百姓，概莫能外，统统都住在这种砖木结构的房屋里。皇帝颐指气使地操纵臣民生杀大权的皇宫是砖木结构的；供人们花天酒地，纵情享受的楼台亭阁是砖木结构的；拜天祭祖用的庙宇也是砖木结构的；老百姓呢，劳累了一天，回去喘口气的那直不起腰背的窝棚多半也是砖木结构的。

砖木结构建筑作为中国人引以自豪的创造发明，陪伴中国人挨过了漫漫几千年的历史长河。

§1.1.2　近代用混凝土和钢筋混凝土建造房屋

近100多年来，人们先用木板搭制并支牢模板，形成模壳，再在模壳内纵横交错地设置并扎牢钢筋，然后往模壳里浇筑并捣实混凝土，经过一定时间的浇水养护后，拆去模板，于是便露出了构成一体的柱、梁、楼板、屋面等房屋结构。再经过装修之后，这样的房屋便可以交付使用了。

鸦片战争以后，中国建造了大量的钢筋混凝土的建筑物，上海的西施、永安、新新、大新四大公司，以及其他许多建筑物，就是它们之中的佼佼者。

直至目前为止，钢筋混凝土建筑还在大量地、不断地建造着。

§1.1.3　120年前开始采用钢结构建筑

1885年美国芝加哥市试建了一幢9层的钢结构建筑，它的梁、柱、支撑等主要构件都是用型钢做的。经过专家鉴定，人们认识到房屋采用钢结构至少有三点好处：

1）柱、梁、支撑等构件的断面比钢筋混凝土结构的断面小。

2）柱、梁、支撑等构件各自在车间里制作，到建筑工地后把它们像小孩搭积木一样地组装起来，速度快。曾被誉为远东第一、世界第三高楼的金茂大厦，地上88层，地下3层，用钢19000t，其构件的制作和安装，总共才用了不到两年半的时间。速度之快是可想而知的。

3）钢有弹性，钢结构能在一定限度内倾侧而不致折断倒下。这个好处在建筑物经受飓风和地震时是非常有用的。20世纪80年代，墨西哥的墨西哥城发生了一次强烈地震，市内所有的钢筋混凝土高楼顷刻之间碎成了瓦砾，唯独那几幢钢结构高楼的钢结构骨架经

受住了倾侧和摇晃，仍旧岿然不动，稍加修整，重新装饰之后便又成为新的高楼了。

§1.1.4 美国最早、最多地建造了钢结构高楼

前面说过，专家们对芝加哥那幢9层的钢结构建筑做过鉴定。鉴定的结论是：可以放心地建造钢结构建筑，能够快速地建造钢结构建筑，能够比建造钢筋混凝土建筑节约地建造钢结构建筑。

恰好在那之后不久，芝加哥发生了一场祸及整个城市的火灾，变成了一片废墟。在重新开始的建设过程中，大批钢结构建筑物应运而生。如今的芝加哥高楼成群，鳞次栉比，错落有致。在这些气度非凡的高楼当中，钢结构建筑占了相当大的比例。迄今为止，芝加哥还是全世界高层建筑最为密集的城市。

§1.1.5 20世纪末超高层钢结构建筑高度排行榜（表1）

20世纪末超高层钢结构建筑高度排行榜　　　　　　表1

排名	建筑物名称	所在国家	所在城市	楼高(m)	地上层数	竣工年份	备注
1	石油大厦	马来西亚	吉隆坡	452	95	1996	
2	西尔斯大厦	美国	芝加哥	443	110	1974	
3	金茂大厦	中国	上海	420.50	88	1998	
4	世界贸易中心大厦	美国	纽约	417	110	1972	已毁于九一一事件
5	帝国大厦	美国	纽约	381	102	1931	曾雄居世界第一高度40多年

§1.1.6 目前超高层钢结构建筑高度排行榜（表2）

目前超高层钢结构建筑高度排行榜　　　　　　表2

排名	建筑物名称	所在国家	所在城市	楼高(m)	地上层数	竣工年份
1	台北101大厦	中国	台北	508	101	2004
2	石油大厦	马来西亚	吉隆坡	452	95	1996
3	西尔斯大厦	美国	芝加哥	443	110	1974
4	金茂大厦	中国	上海	420.50	88	1998

看了表2，中国人感到十分自豪，四幢超高层钢结构建筑当中，中国竟占了两幢。

§1.1.7 中国解放前就建造过高层钢结构建筑

在20世纪20年代至30年代，也就是从北伐战争胜利至抗日战争开始之前的那段时间里，上海建造了三幢钢结构的高层建筑（表3）。

解放前上海建造的钢结构高层建筑　　　　　　表3

序号	建筑物名称	楼高(m)	层数	竣工年代
1	国际饭店	83.8	24	20世纪30年代
2	百老汇大厦(现上海大厦)	76.6	22	20世纪30年代
3	中国银行大楼	69	18	20世纪30年代

这三幢高层建筑有三个特点：

1) 除中国银行大楼外，建筑设计是外国人搞的，但施工详图是中国人自己搞的。

2) 钢结构构件的制作和安装都是中国人独立完成的，特别值得一提的是无锡人和溧阳人在这三个工程中出足了风头。

3) 那时的焊接水平不够高，所以采用的全是铆接。

§1.1.8 改革开放以来，中国建造了许多钢结构超高层建筑

(1) 在上海（表4）。

改革开放以来，在上海建造的部分钢结构高层建筑（无序排列）　　　　表4

编号	建筑物名称	楼高(m)	地上层数	用钢量(t)	竣工年份
1	新锦江大楼	153.09	43	6300	1985
2	上海国际贸易中心大厦	155.25	37	11000	1987
3	新金桥大厦	212.30	39	6250	1996
4	上海证券大厦	177.70	27	9300	1997
5	世界广场	199	38	11700	1996
6	上海世界金融大厦	210	44	3860	1997
7	金茂大厦	420.50	88	19000	1998
8	上海国际航运大厦	232	52	6300	1998
9	上海国际金融大厦	226	53	9400	1998
10	上海申茂大厦	187.50	46	6900	1997
11	上海商品交易大厦	156	38	7000	1997
12	浦项广场	110.80	26	3399	1998
13	上海香港新世界大厦	206	60	6830	2001
14	上海正大商业广场	57	10	7000	2001
15	上海信息枢纽大厦	288	41	9150	2000
16	上海震旦国际大楼	159.80	37	4300	2002
17	上海银行大厦	229.90	50	8500	2003
18	上海世茂国际广场	333	60	10400	2004

(2) 在外地，例如北京、深圳、广州、天津、大连、南京、武汉等地，这些年来也建造了不少钢结构超高层建筑。还有一些城市正在建造或准备建造钢结构超高层建筑，例如苏州、无锡、杭州、温州、绍兴、宁波、重庆、西安、兰州、沈阳等地。

(3) 上海正在建造当代世界实际第一高楼。

前面说过，我国已经建造了举世瞩目的金茂大厦和台北101大厦。更加令中国人自豪的是，我们正在建造上海环球金融中心大厦，这幢101层的楼高492m。这492m是实际使用高度，而台北101大厦的508m高度中的实际使用高度为448m（另有60m旗杆高度）。从这个意义上说，上海环球金融中心大厦到2008年建成时，将成为世界上的实际第一高楼。这将会使中国人感到无上光荣。

所有已建、在建、拟建的超高层钢结构建筑，都是我国改革开放的巨大成果，体现了

我国综合国力的强盛，显示了我国国际地位的日益提高。

§1.1.9 你爬我攀，欲与天公试比高

我们想在这里提供三条新的信息：

(1) 在纽约被九一一事件毁掉的世界贸易中心大厦的废墟上，美国准备在2009年建成高541.30m、82层的自由塔。

(2) 在迪拜，沙特阿拉伯正在建造高805m的迪拜之地，大约会于2008年建成。

(3) 在东京，日本人已放出风声，要建造800m、200层的千年城。

三家都宣称，建成后要荣登当时世界最高超高层钢结构建筑的宝座。已经崛起的中国岂能自甘落后？我们相信，在不久的将来，一定会有一些令世人更加瞩目的超高层钢结构建筑矗立在中华大地之上。

§1.2 建筑钢结构工程焊接工艺的特点

§1.2.1 建筑钢结构工程的分类

建筑钢结构工程大致上可划分为民用建筑钢结构工程、工业建筑钢结构工程和其他建筑钢结构工程三大类。民用建筑钢结构工程包括多层、高层、超高层的梁——柱框架全钢结构，劲性混凝土结构中的钢结构，钢管混凝土结构中的钢结构，以及别墅类的钢结构。工业建筑钢结构工程指的是轻型、中型、重型工业厂房，以及物流用房（仓库）一类的钢结构。桁架或网架（壳）钢结构工程常用于机场候机厅、飞机维修库、码头候船厅、车站候车厅、体育场馆、商业大卖场等场合，统统归入其他建筑钢结构工程一类里。

§1.2.2 建筑钢结构工程焊接工艺的主要特点

(1) 焊接难度大。

建筑钢结构工程的构件，多半采用低合金高强度结构钢作原材料，部分采用碳素结构钢，另外还有些钢管可能采用优质碳素结构钢。许多钢结构采用断面很大、厚度很大的热轧型钢，或者采用厚板或超厚板焊接成型钢作构件。作为构件的组成部分，这些厚板或超厚板必须做对接焊；这些板相互之间要焊接成型钢（如H形钢、T形钢、十字形钢、箱形钢等）；构件同构件之间要按节点要求焊成框架（如梁、柱、支撑相互之间的焊接或栓——焊混合连接）。低合金高强度结构钢的碳当量比较高，建筑钢结构的强度高，节点形状复杂，工件厚度大，约束度大，所以焊接难度大。

(2) 焊接技术新。

建筑钢结构行业中应用的焊接方法，已远不止药皮焊条手工电弧焊和半自动实芯焊丝气体保护焊两种，目前已扩大到了半自动药芯焊丝气体保护焊、半自动药芯焊丝自保护焊、非熔化极气体保护焊、单丝自动埋弧焊、多丝自动埋弧焊、熔化嘴电渣焊、非熔化嘴电渣焊、旋转并晃动的非熔化嘴电渣焊、丝极电渣焊、板极电渣焊、单丝气电立焊、多丝气电立焊、自动实芯焊丝气体保护焊、自动药芯焊丝气体保护焊、自动药芯焊丝自保护焊、穿透栓钉焊、非穿透栓钉焊等。可以说建筑钢结构行业用的焊接方法是多种多样的，

其中不少是很先进的。

(3) 焊接质量极其重要。

建筑钢结构工程中的焊缝和焊接接头,除承受正常荷载、自重、风力之外,还要承受强烈地震带来的破坏力,因此它们的质量是极其重要的。为了焊出不呈现严重粗化晶粒的焊缝和焊接接头,为了使焊缝和焊接接头的强度、塑性、韧性不下降,为了使焊缝中不留存会扩展的裂纹和超标的其他缺陷,为了不使焊缝和焊接接头的局部区域的冲击韧性下降,总之一句话为了不出现房塌人亡的悲剧,建筑钢结构工程的焊接工艺师必须把焊接工艺考虑得十分周详。

(4) 焊接变形要防止,残余应力应减少和消除。

焊接是一个局部急剧加热和随后快速冷却的过程,所以焊后局部的塑性变形和焊接残余应力几乎是难以避免的。怎样防止超标的变形,怎样减少和消除残余应力,也是钢结构焊接工程工艺师必须考虑的问题之一。

(5) 安全隐患务必消除。钢结构建筑行业中的焊接,除了制作部分在车间里施工以外,还有相当一部分要到建筑工地去施工。焊工要"攀"在数十米甚至数百米高的框架上,还要"捂"在防风雨的"蒙古包"里操作,坠落和昏厥的可能性始终威胁着他们。遵照以人为本的指导精神,钢结构焊接工艺师在编制焊接工艺文件时,必须周详而又切实地考虑安全措施,消除安全隐患。

§1.3 建筑钢结构焊接工艺师的职业道德

(1) 要爱祖国。

a) 我们每建一幢高楼,每建一间厂房,每建一座公共设施,都要想到是在为国争光。因此我们必须按照先进的设计理念,采用先进的技术、工艺和装备,造出先进的建筑物来,让这些建筑物矗立在中华大地之上,以其坚固、实用、美观及其同周围环境的和谐,去同世界上的同类建筑物比美。

b) 中国的钢铁工业这些年来有了长足的进步,在钢种及其化学成分和力学性能方面,中外之间是可以互相替代的。在同外商洽谈技术问题时,我们有必要提请对方注意这个事实。

c) 在焊接材料方面,我们可以自豪地说:国外达到的水平,中国也达到了。我们既可以用中国的焊材焊中国的钢材,也可以用中国的焊材焊外国的钢材。没有必要专门去进口焊材。

(2) 不要做假。

a) 在焊接工艺评定这项工作中,存在着相互替代的问题。然而替代是有条件的。在下"可以替代"的结论时要讲真话,不能做假。

b) 在对焊接工艺评定试件作冲击吸收功试验的时候,常常规定取样的位置,例如焊缝部位、熔合线部位、热影响区部位和母材部位,还在焊缝部位里规定焊缝的上、中、下三个部位。对这些不同部位的试件作冲击吸收功试验,其结果是各不相同的,其数值的分布呈一定的规律,不能互相换位。特别要指出的是,焊缝的中心部位(也就是焊前坡口的钝边那个部位)最可能不合格。此时我们特别应坚持讲真话,不做假,绝对不能往上挪一下，在偏上的那个部位取个试件冒名顶替焊缝中心部位。

c）焊接工艺评定报告上往往会罗列出数十个，甚至上百个数据。这些数据必须个个都是合格的，个别不合格的试验结果可以设法重新做试验，但必须强调按规范办事。再说工艺评定总是希望一次成功，但没有规定过不准重做。所以我们完全应该而且必须讲真话，不更动一个数据，不伪造一个数据。

（3）要到现场。

钢结构工程的制作车间和安装工地，是两个广阔的天地，在那里可以学到从书本上学不到的知识，了解到在办公室和焊接试验室里碰不到的问题。实践知识会使我们开拓思路，增长才干，也可以帮我们修正错误。因此焊接工艺师要多到现场，常到现场。

§2 建筑钢结构工程用的主要材料

§2.1 分　类

（1）碳素结构钢，用得最多的是 Q235（其含义是屈服点 σ_s 为 235MPa）。

（2）低合金高强度结构钢，用得最多的是 Q345（其含义是屈服点 σ_s 为 345MPa）。

（3）优质碳素结构钢，有些钢管就是用的这类钢，用得较多的是 20（其含义是平均含碳量为 0.20%）。

§2.2 化学成分和力学性能

（1）碳素结构钢（表5、表6、表7和表8）。

碳素结构钢的化学成分（%）　　　　　　　表5

钢　号	质量等级	C	Si	Mn	P	S
Q195	—	0.06～0.12	≤0.30	0.25～0.50	≤0.045	≤0.050
Q215	A	0.09～0.15	≤0.30	0.25～0.55	≤0.045	≤0.050
	B	0.09～0.15	≤0.30	0.25～0.55	≤0.045	≤0.045
·Q235	A	0.14～0.22	≤0.30	0.30～0.65	≤0.045	≤0.050
	B	0.12～0.20	≤0.30	0.30～0.70	≤0.045	≤0.045
	C	≤0.18	≤0.30	0.35～0.80	≤0.040	≤0.040
	D	≤0.17	≤0.30	0.35～0.80	≤0.035	≤0.030
Q255	A	0.18～0.28	≤0.30	0.40～0.70	≤0.045	≤0.050
	B	0.18～0.28	≤0.30	0.40～0.70	≤0.045	≤0.045
Q275	—	0.28～0.38	≤0.35	0.50～0.80	≤0.045	≤0.050

碳素结构钢的力学性能（一）　　　　　　　表6

钢号与质量等级	屈服点 σ_s(MPa)≥ 在钢材不同厚度(mm)时					
	≤16	16～40	40～60	60～100	100～150	>150
Q195	195	185	—	—	—	—
Q215A Q215B	215	205	195	185	175	165
·Q235A,B ·Q235C,D	235	225	215	205	195	185
Q255A Q255B	255	245	235	225	215	205
Q275	275	265	255	245	235	225

碳素结构钢的力学性能（二） 表7

钢号与质量等级	抗拉强度 σ_b (MPa)	伸长率 δ_s (%) ≥ 在钢材不同厚度(mm)时						冲击试验	
		≤16	16~40	40~60	60~100	100~150	150	温度(℃)	冲击吸收功 A_{KV}(J)
Q195	315~430	33	32	—	—	—	—	—	—
Q215A	335~450	31	30	29	28	27	26	—	—
Q215B								20	≥27
·Q235A	375~500	26	25	24	23	22	21	—	—
·Q235B								20	≥27
·Q235C	375~500	26	25	24	23	22	21	0	≥27
·Q235D								−20	≥27
Q255A	410~550	24	23	22	21	20	19	—	—
Q255B								20	≥27
Q275	490~630	20	19	18	17	16	15	—	—

碳素结构钢的冷弯性能 表8

钢号	试样方向	180°冷弯试验 $b=2a$ 在钢材不同厚度(mm)时		
		≤60	60~100	100~200
Q195	纵向	0	—	—
	横向	$d=0.5a$	—	—
Q215	纵向	$d=0.5a$	$d=1.5a$	$d=2a$
	横向	$d=a$	$d=2a$	$d=2.5a$
·Q235	纵向	$d=a$	$d=2a$	$d=2.5a$
	横向	$d=1.5a$	$d=2.5a$	$d=3a$
Q255	—	$d=2a$	$d=3a$	$d=3.5a$
Q275	—	$d=3a$	$d=4a$	$d=4.5a$

注：b—试样宽度；d—弯心直径；a—钢材厚度或直径；下同。

（2）低合金高强度结构钢（表9和表10）。

低合金高强度结构钢的钢号与化学成分（%） 表9

钢号	质量等级	C	Mn	Si	P	S	V	Nb	Ti	Al
Q295	A	≤0.16	0.80~1.50	≤0.55	≤0.045	≤0.045	0.02~0.15	0.015~0.060	0.02~0.20	—
	B	≤0.16	0.80~1.50	≤0.55	≤0.040	≤0.040	0.02~0.15	0.015~0.060	0.02~0.20	—
·Q345	A	≤0.20	1.00~1.60	≤0.55	≤0.045	≤0.045	0.02~0.15	0.015~0.060	0.02~0.20	—
	B	≤0.20	1.00~1.60	≤0.55	≤0.040	≤0.040	0.02~0.15	0.015~0.060	0.02~0.20	—
	C	≤0.20	1.00~1.60	≤0.55	≤0.035	≤0.035	0.02~0.15	0.015~0.060	0.02~0.20	≥0.015
	D	≤0.18	1.00~1.60	≤0.55	≤0.030	≤0.030	0.02~0.15	0.015~0.060	0.02~0.20	≥0.015
	E	≤0.18	1.00~1.60	≤0.55	≤0.025	≤0.025	0.02~0.15	0.015~0.060	0.02~0.20	≥0.015

续表

钢号	质量等级	C	Mn	Si	P	S	V	Nb	Ti	Al
Q390	A	≤0.20	1.00~1.60	≤0.55	≤0.045	≤0.045	0.02~0.20	0.015~0.060	0.02~0.20	—
	B	≤0.20	1.00~1.60	≤0.55	≤0.040	≤0.040	0.02~0.20	0.015~0.060	0.02~0.20	—
	C	≤0.20	1.00~1.60	≤0.55	≤0.035	≤0.035	0.02~0.20	0.015~0.060	0.02~0.20	≥0.015
	D	≤0.20	1.00~1.60	≤0.55	≤0.030	≤0.030	0.02~0.20	0.015~0.060	0.02~0.20	≥0.015
	E	≤0.20	1.00~1.60	≤0.55	≤0.025	≤0.025	0.02~0.20	0.015~0.060	0.02~0.20	≥0.015
Q420	A	≤0.20	1.00~1.70	≤0.55	≤0.045	≤0.045	0.02~0.20	0.015~0.060	0.02~0.20	—
	B	≤0.20	1.00~1.70	≤0.55	≤0.040	≤0.040	0.02~0.20	0.015~0.060	0.02~0.20	—
	C	≤0.20	1.00~1.70	≤0.55	≤0.035	≤0.035	0.02~0.20	0.015~0.060	0.02~0.20	≥0.015
	D	≤0.18	1.00~1.70	≤0.55	≤0.030	≤0.030	0.02~0.20	0.015~0.060	0.02~0.20	≥0.015
	E	≤0.18	1.00~1.70	≤0.55	≤0.025	≤0.025	0.02~0.20	0.015~0.060	0.02~0.20	≥0.015
Q460	C	≤0.20	1.00~1.70	≤0.55	≤0.035	≤0.035	0.02~0.20	0.015~0.060	0.02~0.20	≥0.015
	D	≤0.20	1.00~1.70	≤0.55	≤0.030	≤0.030	0.02~0.20	0.015~0.060	0.02~0.20	≥0.015
	E	≤0.20	1.00~1.70	≤0.55	≤0.025	≤0.025	0.02~0.20	0.015~0.060	0.02~0.20	≥0.015

低合金高强度结构钢的力学性能　　　　表10

钢号	质量等级	屈服点 σ_s(MPa)≥ 在下列厚度(mm)时				抗拉强度 σ_b (MPa)	伸长率 δ_5 (%) ≥	冲击吸收功≥		180°弯曲试验 在下列厚度(mm)时	
		≤16	16~35	35~50	50~100			温度(℃)	A_{KV}(J)	≤16	16~100
Q295	A	295	275	255	235	390~570	23	—	—	d=2a	d=3a
	B	295	275	255	235	390~570	23	+20	34	d=2a	d=3a
Q345	A	345	325	295	275	470~630	21	—	—	d=2a	d=3a
	B	345	325	295	275	470~630	21	+20	34	d=2a	d=3a
	C	345	325	295	275	470~630	22	0	34	d=2a	d=3a
	D	345	325	295	275	470~630	22	−20	34	d=2a	d=3a
	E	345	325	295	275	470~630	22	−40	27	d=2a	d=3a
Q390	A	390	370	350	330	490~650	19	—	—	d=2a	d=3a
	B	390	370	350	330	490~650	19	+20	34	d=2a	d=3a
	C	390	370	350	330	490~650	20	0	34	d=2a	d=3a
	D	390	370	350	330	490~650	20	−20	34	d=2a	d=3a
	E	390	370	350	330	490~650	20	−40	27	d=2a	d=3a
Q420	A	420	400	380	360	520~680	18	—	—	d=2a	d=3a
	B	420	400	380	360	520~680	18	+20	34	d=2a	d=3a
	C	420	400	380	360	520~680	19	0	34	d=2a	d=3a
	D	420	400	380	360	520~680	19	−20	34	d=2a	d=3a
	E	420	400	380	360	520~680	19	−40	34	d=2a	d=3a
Q460	C	460	440	420	400	550~720	17	0	34	d=2a	d=3a
	D	460	440	420	400	550~720	17	−20	34	d=2a	d=3a
	E	460	440	420	400	550~720	17	−40	27	d=2a	d=3a

（3）优质碳素结构钢（表11和表12）。

优质碳素结构钢的钢号与化学成分（%）　　　　表11

钢号	C	Si	Mn	P	S	Cr	Ni	Cu
08F	0.05～0.11	≤0.03	0.25～0.50	≤0.035	≤0.035	≤0.10	≤0.30	≤0.25
10F	0.07～0.13	≤0.07	0.25～0.50	≤0.035	≤0.035	≤0.15	≤0.30	≤0.25
15F	0.12～0.18	≤0.07	0.25～0.50	≤0.035	≤0.035	≤0.25	≤0.30	≤0.25
08	0.05～0.11	0.17～0.37	0.35～0.65	≤0.035	≤0.035	≤0.10	≤0.30	≤0.25
10	0.07～0.13	0.17～0.37	0.35～0.65	≤0.035	≤0.035	≤0.15	≤0.30	≤0.25
15	0.12～0.18	0.17～0.37	0.35～0.65	≤0.035	≤0.035	≤0.25	≤0.30	≤0.25
20	0.17～0.23	0.17～0.37	0.35～0.65	≤0.035	≤0.035	≤0.25	≤0.30	≤0.25
25	0.22～0.29	0.17～0.37	0.50～0.80	≤0.035	≤0.035	≤0.25	≤0.30	≤0.25
30	0.27～0.34	0.17～0.37	0.50～0.80	≤0.035	≤0.035	≤0.25	≤0.30	≤0.25
35	0.32～0.39	0.17～0.37	0.50～0.80	≤0.035	≤0.035	≤0.25	≤0.30	≤0.25
40	0.37～0.44	0.17～0.37	0.50～0.80	≤0.035	≤0.035	≤0.25	≤0.30	≤0.25
45	0.42～0.50	0.17～0.37	0.50～0.80	≤0.035	≤0.035	≤0.25	≤0.30	≤0.25
50	0.47～0.55	0.17～0.37	0.50～0.80	≤0.035	≤0.035	≤0.25	≤0.30	≤0.25
55	0.52～0.60	0.17～0.37	0.50～0.80	≤0.035	≤0.035	≤0.25	≤0.30	≤0.25
60	0.57～0.65	0.17～0.37	0.50～0.80	≤0.035	≤0.035	≤0.25	≤0.30	≤0.25
65	0.62～0.70	0.17～0.37	0.50～0.80	≤0.035	≤0.035	≤0.25	≤0.30	≤0.25
70	0.67～0.75	0.17～0.37	0.50～0.80	≤0.035	≤0.035	≤0.25	≤0.30	≤0.25
75	0.72～0.80	0.17～0.37	0.50～0.80	≤0.035	≤0.035	≤0.25	≤0.30	≤0.25
80	0.77～0.85	0.17～0.37	0.50～0.80	≤0.035	≤0.035	≤0.25	≤0.30	≤0.25
85	0.82～0.90	0.17～0.37	0.50～0.80	≤0.035	≤0.035	≤0.25	≤0.30	≤0.25
15Mn	0.12～0.18	0.17～0.37	0.70～1.00	≤0.035	≤0.035	≤0.25	≤0.30	≤0.25
20Mn	0.17～0.23	0.17～0.37	0.70～1.00	≤0.035	≤0.035	≤0.25	≤0.30	≤0.25
25Mn	0.22～0.29	0.17～0.37	0.70～1.00	≤0.035	≤0.035	≤0.25	≤0.30	≤0.25
30Mn	0.27～0.34	0.17～0.37	0.70～1.00	≤0.035	≤0.035	≤0.25	≤0.30	≤0.25
35Mn	0.32～0.39	0.17～0.37	0.70～1.00	≤0.035	≤0.035	≤0.25	≤0.30	≤0.25
40Mn	0.37～0.44	0.17～0.37	0.70～1.00	≤0.035	≤0.035	≤0.25	≤0.30	≤0.25
45Mn	0.42～0.50	0.17～0.37	0.70～1.00	≤0.035	≤0.035	≤0.25	≤0.30	≤0.25
50Mn	0.48～0.56	0.17～0.37	0.70～1.00	≤0.035	≤0.035	≤0.25	≤0.30	≤0.25
60Mn	0.57～0.65	0.17～0.37	0.70～1.00	≤0.035	≤0.035	≤0.25	≤0.30	≤0.25
65Mn	0.62～0.70	0.17～0.37	0.90～1.20	≤0.035	≤0.035	≤0.25	≤0.30	≤0.25
70Mn	0.67～0.75	0.17～0.37	0.90～1.20	≤0.035	≤0.035	≤0.25	≤0.30	≤0.25

优质碳素结构钢的热处理与力学性能   表12

钢号	试样毛坯尺寸(mm)	热处理温度(℃)			力学性能					交货状态硬度 HBS(°) ≤	
		正火	淬火	回火	σ_b (MPa)	σ_s (MPa)	δ_s (%)	ψ (%)	A_{KV} (J)	未热处理钢	退火钢
					≥						
08F	25	930	—	—	295	175	35	60	—	131	—
10F	25	930	—	—	315	185	33	55	—	137	—
15F	25	920	—	—	355	205	29	55	—	143	—
08	25	930	—	—	325	195	33	60	—	131	—
10	25	930	—	—	335	205	31	55	—	137	—
15	25	920	—	—	375	225	27	55	—	143	—
20	25	910	—	—	410	245	25	55	—	156	—
25	25	900	870	600	450	275	23	50	71	170	—
30	25	880	860	600	490	295	21	50	63	179	—
35	25	870	850	600	530	315	20	45	55	197	—
40	25	860	840	600	570	335	19	45	47	217	187
45	25	850	840	600	600	355	16	40	39	229	197
50	25	830	830	600	630	375	14	40	31	241	207
55	25	820	820	600	645	380	13	35	—	255	217
60	25	810	—	—	675	400	12	35	—	255	229
65	25	810	—	—	695	410	10	30	—	255	229
70	25	790	—	—	715	420	9	30	—	269	229
75	试样	—	820	480	1080	880	7	30	—	285	241
80	试样	—	820	480	1080	930	6	30	—	285	241
85	试样	—	820	480	1130	980	6	30	—	302	255
15Mn	25	920	—	—	410	245	26	55	—	163	—
20Mn	25	910	—	—	450	275	24	50	—	197	—
25Mn	25	900	870	600	490	295	22	50	71	207	—
30Mn	25	880	860	600	540	315	20	45	63	217	187
35Mn	25	870	850	600	560	335	18	45	55	229	197
40Mn	25	860	840	600	590	355	17	45	47	229	207
45Mn	25	850	840	600	620	375	15	40	39	241	217
50Mn	25	830	830	600	645	390	13	40	31	255	217
60Mn	25	810	—	—	695	410	11	35	—	269	229
65Mn	25	830	—	—	735	430	9	30	—	285	229
70Mn	25	790	—	—	785	450	8	30	—	285	229

§2.3 标　　准

§2.3.1 国内标准（表13）

有关的国内标准　　　　　　　　　　　　　　　　　表13

序号	分类	标准号	标准全称
1	碳素结构钢	GB/T 700—1988	《碳素结构钢》
2	低合金高强度结构钢	GB/T 1591—1994	《低合金高强度结构钢》
3	优质碳素结构钢	GB/T 699—1999	《优质碳素结构钢》

§2.3.2 部分国外标准（表14）

§2.3.3 部分国内外标准的大致参考对照（表15和表16）

部分钢结构常用钢的国外标准　　　　　　　　　　　表14

国别	标准号	全称
美国	ASTM	《低合金高强度钢》
日本	JIS G3106(1994)	《焊接结构用C钢和C-Mn钢》
日本	JIS G3101(1995)	《普通结构用碳素钢》
德国	DIN EN 10028 DIN EN 10113	《细晶粒低合金结构钢》
英国	BS EN 10025(1994)	《工程用非合金钢》
俄罗斯	ГОСТ 19281—1989	《低合金高强度钢》
俄罗斯	ГОСТ 380—1988	《普通碳素钢》
国际标准化组织	ISO 630:1995	《普通结构用钢材》
国际标准化组织	ISO 4950/2:1995	《低合金高强度钢》
欧洲共同体	EN 10025(1993)	《非合金结构钢》

同中国 Q345 大致相近的有关国外钢号　　表 15

化学成分(%)					力学性能																180°冷弯		附注
					σ_b		$\sigma_s \geq$							$\delta \geq$						A_{kv}(℃)≥				
C	Si	Mn	P	S	MPa(N/mm²)		MPa(N/mm²)							%						℃		J	$t \leq 16$	16～100
≤0.20	≤0.55	1.00～1.60	≤0.045	≤0.045	470～630		$t \leq 16$	16～35	35～50	50～100				21						—		—	$d=2a$	$d=3a$
≤0.20	≤0.55	1.00～1.60	≤0.040	≤0.040	470～630		345	325	295	275				21						+20		34	$d=2a$	$d=3a$
≤0.20	≤0.55	1.00～1.60	≤0.035	≤0.035	470～630		345	325	295	275				22						0		34	$d=2a$	$d=3a$
≤0.18	≤0.55	1.00～1.60	≤0.030	≤0.030	470～630		345	325	295	275				22						-20		34	$d=2a$	$d=3a$
≤0.18	≤0.55	1.00～1.60	≤0.025	≤0.025	470～630		345	325	295	275				22						-40		27	$d=2a$	$d=3a$
≤0.21	≤0.30	≤1.35	≤0.04	≤0.05	$t=150$	≥415	$t=150$			290				$t=150$			24			$t=150$		纵向		
≤0.21	≤0.30	≤0.81	—	—	—	—	—			—				—			—			—		—		
≤0.23	≤0.30	≤1.35	≤0.04	≤0.05	$t=100$	≥450	$t=100$			345				$t=100$			21			$t=100$		纵向		
≤0.26	≤0.30	≤1.35	≤0.04	≤0.05	$t=32$	≥520	$t=32$			415				$t=32$			18			$t=32$		纵向		
≤0.23	≤0.30	≤1.65	≤0.04	≤0.05	$t=32$	≥550	$t=32$			450				$t=32$			17			$t=32$		纵向		
≤0.20	≤0.55	≤1.60	≤0.035	≤0.035	$t<100$	100～200	$t \leq 16$	16～40	40～75	75～100	100～160	160～200		$t<5$	5～16	16～50	>40			—		—		
≤0.22	≤0.55	≤1.60	≤0.035	≤0.035	490～610	490～610	325	315	295	295	285	275												
≤0.18	≤0.55	≤1.60	≤0.035	≤0.035	490～610	490～610	325	315	295	295	285	275		22	17	21	23			0		27		
≤0.20	≤0.55	≤1.60	≤0.035	≤0.035	490～610	490～610	325	315	295	295	—	—								0		47		
≤0.18	≤0.55	≤1.60	≤0.035	≤0.035			$t \leq 16$		355															
					$t \leq 70$	490～630	16～35		355											+20		纵 55,横 31		
					70～85	480～620	35～50		345											+10		纵 51,横 31		
							50～60		325														纵向 $d=2a$,	
≤0.20	≤0.50	0.90～1.70	≤0.030	≤0.025	85～100	470～600	60～70		325					22						0		纵 47,横 31	横向 $d=3a$	
							70～85		315															
					100～125	460～600	85～100		315											-10		纵 43,横 24		
					125～150	450～590	100～125		295											-20		纵 39,横 21		
							125～150		295															
≤0.24	≤0.55	≤1.60	≤0.045	≤0.045	$t \leq 3$	3～100	100～150	150～250	$t \leq 16$	16～40	40～63	63～80	80～100	100～150	150～200	200～250	3～40	40～63	63～100	100～150	150～250		10～150	150～250
$t \leq$ ≤0.20	≤0.55	≤1.60	≤0.040	≤0.040	510～680	490～630	470～630	450～630	345	335	325	325	315	295	285	275	纵22 横20	纵21 横19	纵20 横18	纵18 横18	纵17 横17	+20	27	23
30 ≤0.22	≤0.55	≤1.60	≤0.040	≤0.040	510～680	490～630	470～630	450～630	345	335	325	325	315	295	285	275	纵22 横20	纵21 横19	纵20 横18	纵18 横18	纵17 横17	0	27	23
>30 ≤0.20	≤0.55	≤1.60	≤0.035	≤0.035	510～680	490～630	470～630	450～630	345	335	325	325	315	295	285	275	纵22 横20	纵21 横19	纵20 横18	纵18 横18	纵17 横17	-20	27	23
≤0.22	≤0.55	≤1.60	≤0.035	≤0.035																				
					$t=4$	5～9	10～20	21～32	33～60	61～80	81～100	$t=4$	5～9	10～20	21～32	33～60	61～80	81～100	$t=4$	5～9	10～20	21～32	33～60	61～80	81～100	℃	5～9	10～20	21～32	33～60	61～80	81～100
≤0.12	0.50～0.80	1.30～1.70	≤0.035	≤0.040																						+20	64	59	59	59	59	59
≤0.12	0.50～0.80	1.30～1.70	≤0.035	≤0.040	490	490	471	461	451	441	431	343	343	324	324	284	274	265	21	21	21	21	21	21	21	-40	39	34	34	34	34	34
																										-70	34	29	29	29	29	29
≤0.12	0.80～1.10	1.30～1.65	≤0.035	≤0.040																						+20	64	59	59	59	59	59
≤0.12	0.80～1.10	1.30～1.65	≤0.035	≤0.040	490	490	481	471	451	431	431	353	343	333	324	324	294	294	21	21	21	21	21	21	21	-40	39	29	29	29	29	29
																										-70	29	24.5	24.5	24.5	24.5	24.5
							$t \leq 16$		16～35		35～50		50～70										0		—
≤0.18	≤0.50	0.90～1.60	≤0.030	≤0.030	470～630		355		345		335		325				22						-20		纵 39,横 21
																						-50		—
≤0.18	≤0.50	0.90～1.60	≤0.025	≤0.025	470～630		355		345		335		325				22						0		—
																						-20		—
																						-50		纵 27,横 16
≤0.24	≤0.55	≤1.60	≤0.045	≤0.045	$t \leq 3$	3～100	100～150	150～250	$t \leq 16$	16～40	40～63	63～80	80～100	100～150	150～200	200～250	$t=3$～40	40～63	63～100	100～150	150～250	℃	$t=10$～150	150～250
≤0.20	≤0.55	≤1.60	≤0.040	≤0.040																		+20	27	23
≤0.20	≤0.55	≤1.60	≤0.035	≤0.035	510～680	490～630	470～630	450～630	355	345	335	325	315	295	285	275	22	21	20	18	17	0	27	23	$t>40$ 时,C≤0.22
≤0.20	≤0.55	≤1.60	≤0.035	≤0.035																		-20	27	23
≤0.20	≤0.55	≤1.60	≤0.035	≤0.035	510～680	490～630	470～630	450～630	355	345	335	325	315	295	285	275	20	19	18	18	17	-20	40	23
≤0.20	≤0.55	≤1.60	≤0.035	≤0.035																		-20	40	23

同中国 Q235 大致相近的有关国外钢号

国别	标准号	钢号	等级	化学成分(%)					力学性能																	
				C	Si	Mn	P	S	σ_b MPa(N/mm²)						$\sigma_s \geq$ MPa(N/mm²)							$\delta \geq$ %					A_{kV} ℃
中国	GB/T 700—1988	Q235	A	0.14~0.22	≤0.30	0.30~0.65	≤0.045	≤0.050	375~500						$t\leq16$	16~40	40~60	60~100	100~150	150		$t\leq16$	16~40	40~60	60~100	100~150	150	—
			B	0.12~0.20	≤0.30	0.30~0.70	≤0.045	≤0.045							235	225	215	205	195	185		26	25	24	23	22	21	+20
			C	≤0.18	≤0.30	0.35~0.80	≤0.040	≤0.040	375~500						255	245	235	225	215	205								0
			D	≤0.17	≤0.30	0.35~0.80	≤0.035	≤0.030														26	25	24	23	22	21	−20
美国	ASTM	A572	Gr.42	≤0.21	0.30	≤1.35	≤0.040	≤0.050	≥415						≥290							24						
日本	JIS G310(1995)	SS400					≤0.050	≤0.050	400~510						$t\leq16$		16~40		>40			$t\leq5$	5~16	16~50	>40			
															245		235		215			21	17	21	23			
德国	DIN EN 10028 / DIN EN 10113	S tE255		≤0.18	≤0.40	0.50~1.30	≤0.035	≤0.030	$t\leq70$	70~85	85~100	100~125	125~150		$t\leq16$	16~35	35~50	50~60	60~70	70~85	85~100	100~125	125~150					+20 / +10 / 0 / −10 / −20
									360~480	350~470	340~460	330~450	320~440		225	225	245	235	235	225	215	205	195	25				
英国	BS EN 10025 (1994)	S275	JR	$t\leq40$ ≤0.21 / >40 ≤0.22	—	≤1.50	≤0.045	≤0.045	$t\leq3$	>3~100	>100~150	>150~250			≤16	16~40	40~63	63~80	80~100	100~150	150~200	200~250		3~40	40~63	63~100	100~150	150~950	+20 / 27
									430~580	410~560	400~540	380~540			275	265	255	245	235	225	215	205		纵22,横20	纵21,横19	纵20,横18	纵18,横18	纵17,横17	
			JO	≤150 ≤0.18 / >150 ≤0.20	—	≤1.50	≤0.040	≤0.040	430~580	410~560	400~540	380~540			275	265	255	245	235	225	215	205		纵22,横20	纵21,横19	纵20,横18	纵18,横18	纵17,横17	0 / 27
			J2G3	≤150 ≤0.18 / >150 ≤0.20		≤1.50	≤0.035	≤0.035	430~580	410~560	400~540	380~540			275	265	255	245	235	225	215	205		纵22,横20	纵21,横19	纵20,横18	纵18,横18	纵17,横17	−20 / 27
俄罗斯	ГОСТ 380—1988	ET3	КМ	~0.18	~0.05	~0.60	~0.030	~0.040	363~461						$t<20$		20~40		40~100		>100			$t<20$	20~40		>40		
															235		226		216		196			27	26		24		
			ПС	~0.18	~0.10	~0.60	~0.030	~0.040	373~481						245		235		226		206			26	25		23		
			СП	~0.18	~0.20	~0.60	~0.030	~0.040	373~481						245		235		226		206			26	25		23		
			Гпс	~0.18	~0.12	~1.00	~0.030	~0.040	373~490						245		235		226		206			26	25		23		
			Гсп	~0.18	~0.22	~1.00	~0.030	~0.040	373~490						245		235		226		206			26	25		23		
国际标准化组织	ISO 630:1995	E235	A	≤0.22	—	—	0.050	0.050	340~470						≤16	16~40	40~63	63~80	100~100	100~150	150~200		≤40	40~63	63~100	100~150	150~200	—
															235	225	215	215	215	195	185		26	25	24	22	21	
			B	≤0.17	≤0.40	≤1.40	≤0.045	≤0.045	340~470						235	225	—	—	—	—	—		26	—	—	—	—	
			B NF	0.17~0.20	≤0.40	≤1.40	≤0.045	≤0.045	340~470						235	225	215	215	215	195	185		26	25	24	22	21	+20
			C	≤0.17	≤0.40	≤1.40	≤0.040	≤0.040	340~470						235	225	215	215	215	195	185		26	25	24	22	21	0
			D	≤0.17	≤0.40	≤1.40	≤0.035	≤0.035	340~470						235	225	215	215	215	195	185		26	25	24	22	21	−20
欧洲共同体	EN 10025(1993)	S235J2G3	QS	≤0.17	—	≤1.40	≤0.035	≤0.035	$t\leq3$	3~100	100~150	150~250			≤16	16~40	40~63	63~80	80~100	100~150	150~200	200~250		$t=3\sim40$	40~63	63~100	100~150	150~250	−20 / $t=10\sim150$ / 27
		S235J2G4	QS	≤0.17		≤1.40	≤0.035	≤0.035	360~510	340~470	340~470	320~470			235	225	215	215	215	195	185	175		纵26,横24	纵25,横23	纵24,横22	纵22,横22	纵21,横21	−20 / 27

表 17

热轧钢板尺寸

钢板公称厚度 (mm)	按下列钢板宽度的最小和最大长度 (mm)																																	
	600	650	700	710	750	800	850	900	950	1000	1100	1250	1420	1500	1600	1700	1800	1900	2000	2100	2200	2300	2400	2500	2600	2700	2800	2900	3000	3200	3400	3600	3800
0.50,0.55,0.60	1200	1400	1420	1420	1500	1500	1700	1800	1900	2000	—	—	—	—	—	—	—	—	—	—	—	—	—	—	—	—	—	—	—	—	—	—	—
0.65,0.70,0.75	2000	2000	2000	1420	1500	1500	1700	1800	1900	2000	—	—	—	—	—	—	—	—	—	—	—	—	—	—	—	—	—	—	—	—	—	—	—
0.80,0.90	2000	2000	2000	1420	1500	1500	1700	1800	1900	2000	—	—	—	—	—	—	—	—	—	—	—	—	—	—	—	—	—	—	—	—	—	—	—
1.0	2000	2000	2000	1420	1500	1600	1700	1800	1900	2000	—	—	—	—	—	—	—	—	—	—	—	—	—	—	—	—	—	—	—	—	—	—	—
1.2,1.3,1.4	2000	2000	2000	2000	2000	2000	2000	2000	2000	2000	2000 6000	2500 3000	—	—	—	—	—	—	—	—	—	—	—	—	—	—	—	—	—	—	—	—	—
1.5,1.6,1.8	2000	2000	2000 2000	2000 6000	2000 6000	2000 6000	2000 6000	2000 6000	2000 6000	2000 6000	2000 6000	2000 6000	2000 6000	2000 6000	—	—	—	—	—	—	—	—	—	—	—	—	—	—	—	—	—	—	—
2.0,2.2	2000	2000	2000 6000	2000 6000	2000 6000	2000 6000	2000 6000	2000 6000	2000 6000	2000 6000	2000 6000	2000 6000	2000 6000	2000 6000	2000 6000	2000 6000	—	—	—	—	—	—	—	—	—	—	—	—	—	—	—	—	—
2.5,2.8	2000	2000	2000 6000	2000 6000	2000 6000	2000 6000	2000 6000	2000 6000	2000 6000	2000 6000	2000 6000	2000 6000	2000 6000	2000 6000	2000 6000	2000 6000	2000 6000	—	—	—	—	—	—	—	—	—	—	—	—	—	—	—	—
3.0,3.2,3.5,3.8,3.9	2000	2000	2000 6000	2000 6000	2000 6000	2000 6000	2000 6000	2000 6000	2000 6000	2000 6000	2000 6000	2000 6000	2000 6000	2000 6000	2000 6000	2000 6000	2000 6000	2000 6000	—	—	—	—	—	—	—	—	—	—	—	—	—	—	—
4.0,4.5,5.5	—	—	2000 6000	2000 6000	2000 6000	2000 6000	2000 6000	2000 6000	2000 6000	2000 6000	2000 6000	2000 6000	2000 6000	2000 6000	2000 6000	2000 6000	2000 6000	2000 6000	2000 6000	—	—	—	—	—	—	—	—	—	—	—	—	—	—
6,7	—	—	2000 6000	2000 6000	2000 6000	2000 6000	2000 6000	2000 6000	2000 6000	2000 6000	2000 6000	2000 6000	2000 6000	2000 6000	2000 6000	2000 6000	2000 6000	2000 6000	2000 6000	2000 6000	—	—	—	—	—	—	—	—	—	—	—	—	—
8,9,10	—	—	—	—	—	—	—	—	—	2000 6000	2500 6500	2500 12000	2500 12000	2000 12000	3000 12000	3000 12000	3000 12000	3000 12000	3000 12000	3000 12000	3000 12000	3000 12000	3000 12000	4000 12000	—	—	—	—	—	—	—	—	—
11,12	—	—	—	—	—	—	—	—	—	2500 6500	2500 12000	2500 12000	2500 12000	3000 12000	3000 12000	3500 12000	3500 12000	4000 12000	4000 12000	4000 12000	4000 12000	4000 12000	4000 12000	4000 9000	—	—	—	—	—	—	—	—	—
13,14,15,16,17,18, 19,20,21,22,25	—	—	—	—	—	—	—	—	—	—	—	2500 12000	2500 12000	3000 12000	3000 11000	3500 11000	4000 10000	4000 10000	4000 10000	4000 10000	4500 9000	4500 9000	4000 9000	4000 9000	3500 8200	3500 8200	—	—	—	—	—	—	—
26,28,30,32,34,36, 38,40	—	—	—	—	—	—	—	—	—	—	—	2500 12000	2500 12000	3000 12000	3000 12000	3500 11000	3500 10000	4000 10000	4000 10000	4000 10000	4500 9000	4500 9000	4000 9000	4000 9000	3500 9000	3500 10000	3500 10000	3500 10000	3500 10000	3200 9500	3400 9500	3600 9500	—
42,45,48,50,52,55, 60,65,70,75,80,85, 90,95,100,105,110, 120,125,130,140, 150,160,165,170, 180,185,190,195, 200	—	—	—	—	—	—	—	—	—	—	—	—	2500 9000	3000 9000	3000 9000	3000 9000	3000 9000	3000 9000	3000 9000	2500 9000	3000 9000	3500 9000	3500 9000	3500 9000	3000 9000	3000 9000	3000 9000	3000 9000	3000 9000	3200 9000	3400 8500	3500 8000	3600 7000

13

§2.4 缺　　陷

钢制板材常见的缺陷共有 11 种：

（1）裂纹：由于轧件在冷却过程中产生的应力而造成的在其表面上分布的缺陷。

（2）夹杂：轧件表面上的非金属夹杂物，沿轧制方向延伸，随机分布。

（3）轧入氧化铁皮或凹坑：热轧前、热轧过程中，对轧件的氧化皮清除不充分所造成的缺陷。

（4）压痕（凹陷）和轧痕（凸起）：因轧辊或夹持辊破损而造成的缺陷。

（5）划伤和沟漕：在轧件同轧辊相对运动时，因摩擦而对轧件造成的机械损伤。

（6）重皮：由于钢锭表面冷淬、重皮和结疤未清理干净，轧制时形成的鳞片状的、细小的表面缺陷。

（7）气泡：因钢锭在冶炼和浇注过程中脱氧不良而造成的缺陷。

（8）热拉裂：在钢坯加工过程中形成的缺陷。

（9）结疤和疤痕：是一些重叠物质，形状和大小不尽相同，分布也不规则，仅局部同基体金属相连，其中还有较多的非金属夹杂物或氧化铁皮。

（10）锈蚀。

（11）麻点。

§2.5 品　　种

§2.5.1 钢板（表17、表18、表19和表20）是指平板状、矩形的、直接轧制而成的板材。

钢板长度偏差　　　　　　　　　　　　　　　表18

公称厚度(mm)	钢板长度(mm)	长度允许偏差(mm)
≤4	≤1500	+10
	>1500	+15
4～16	≤2000	+10
	2000～6000	+25
	>6000	+30
16～60	>2000	+15
	2000～6000	+30
	≤6000	+40
>60	所有长度	+50

钢板和钢带厚度偏差（板厚 0.35～13mm） 表 19

公称厚度（钢板和钢带）(mm)	在下列宽度时的厚度允许偏差(mm)													
	600～750		750～1000		1000～1500		1500～2000		2000～2300		2300～2700		2700～3000	
	较高轧制精度	普通轧制精度	较高轧制精度	普通轧制精度	较高轧制精度	普通轧制精度	较高轧制精度	普通轧制精度	较高轧制精度	普通轧制精度	较高轧制精度	普通轧制精度	较高轧制精度	普通轧制精度
0.35～0.50	±0.05	±0.07	±0.05	±0.07	—	—	—	—	—	—	—	—	—	—
0.50～0.60	±0.06	±0.08	±0.06	±0.08	—	—	—	—	—	—	—	—	—	—
0.60～0.75	±0.07	±0.09	±0.07	±0.09	—	—	—	—	—	—	—	—	—	—
0.76～0.90	±0.08	±0.10	±0.08	±0.10	—	—	—	—	—	—	—	—	—	—
0.90～1.10	±0.09	±0.11	±0.09	±0.12	—	—	—	—	—	—	—	—	—	—
1.10～1.20	±0.10	±0.12	±0.11	±0.13	±0.11	±0.15	—	—	—	—	—	—	—	—
1.20～1.30	±0.11	±0.13	±0.12	±0.14	±0.12	±0.15	—	—	—	—	—	—	—	—
1.30～1.40	±0.11	±0.14	±0.12	±0.14	±0.12	±0.15	—	—	—	—	—	—	—	—
1.40～1.60	±0.12	±0.15	±0.13	±0.15	±0.13	±0.18	—	—	—	—	—	—	—	—
1.60～1.80	±0.13	±0.15	±0.14	±0.17	±0.14	±0.18	—	—	—	—	—	—	—	—
1.80～2.00	±0.14	±0.16	±0.15	±0.17	±0.16	±0.18	±0.17	±0.20	—	—	—	—	—	—
2.00～2.20	±0.15	±0.17	±0.16	±0.18	±0.17	±0.19	±0.18	±0.20	—	—	—	—	—	—
2.20～2.50	±0.16	±0.18	±0.17	±0.19	±0.18	±0.20	±0.19	±0.21	—	—	—	—	—	—
2.50～3.00	±0.17	±0.19	±0.18	±0.20	±0.19	±0.21	±0.20	±0.22	±0.23	±0.25	—	—	—	—
3.00～3.50	±0.18	±0.20	±0.19	±0.21	±0.20	±0.22	±0.22	±0.24	±0.26	±0.29	—	—	—	—
3.50～4.00	±0.21	±0.23	±0.22	±0.26	±0.24	±0.26	±0.26	±0.28	±0.30	±0.33	—	—	—	—
4.00～5.50	+0.10/−0.30	+0.20/−0.40	+0.15/−0.30	+0.30/−0.40	+0.10/−0.40	+0.30/−0.50	+0.20/−0.40	+0.40/−0.50	+0.25/−0.40	+0.45/−0.50	—	—	—	—
5.50～7.50	+0.10/−0.40	+0.20/−0.50	+0.10/−0.50	+0.20/−0.60	+0.10/−0.50	+0.25/−0.60	+0.20/−0.50	+0.40/−0.60	+0.25/−0.60	+0.45/−0.60	—	—	—	—
7.50～10.00	+0.10/−0.70	+0.20/−0.80	+0.10/−0.70	+0.20/−0.80	+0.10/−0.70	+0.20/−0.80	+0.20/−0.70	+0.35/−0.80	+0.25/−0.70	+0.45/−0.80	—	—	+0.60/−0.80	—
10.00～13.00	+0.10/−0.70	+0.20/−0.80	+0.10/−0.70	+0.20/−0.80	+0.20/−0.70	+0.20/−0.80	+0.20/−0.70	+0.40/−0.80	+0.35/−0.70	+0.50/−0.80	—	+0.70/−0.80	—	+1.00/−0.80

§2.5.2 带钢（表 19 和表 20）是指成卷交货的、宽度大于 600mm 的轧制成品。

§2.5.3 厚度方向性能钢板

　　超高层钢结构建筑越造越高，所用钢板也就越来越厚。钢板在长、宽、厚三个方向的力学性能各不相同，其中以厚度方向（Z 向）的为最差，以致在对付以焊接应力为主的 Z 向拉力时，钢板往往会出现层状撕裂，即沿平行于钢板表面的层间内的撕裂。因此要求钢板在厚度方向具有良好的抗层状撕裂的性能，厚度方向性能钢板就是在这种情况下研制出来的。

钢板和钢带厚度偏差（板厚＞13mm） 表20

公称厚度（钢板或钢带）(mm)	负偏差	下列宽度的厚度允许正偏差(mm)												
		1000～1200	1200～1500	1500～1700	1700～1800	1800～2000	2000～2300	2300～2500	2500～2600	2600～2800	2800～3000	3000～3200	3200～3400	3400～3600	3600～3800
13～25	0.8	0.2	0.2	0.3	0.4	0.6	0.8	0.8	1.0	1.1	1.2	—	—	—	—
25～30	0.9	0.2	0.2	0.3	0.4	0.6	0.8	0.9	1.0	1.1	1.2	—	—	—	—
30～34	1.0	0.2	0.3	0.3	0.4	0.6	0.8	0.9	1.0	1.2	1.3	—	—	—	—
34～40	1.1	0.3	0.4	0.5	0.6	0.7	0.9	1.0	1.1	1.3	1.4	—	—	—	—
40～50	1.2	0.4	0.5	0.6	0.7	0.8	1.0	1.1	1.2	1.4	1.5	—	—	—	—
50～60	1.3	0.6	0.7	0.8	0.9	1.0	1.1	1.1	1.2	1.3	1.5	—	—	—	—
60～80	1.8	—	—	1.0	1.0	1.0	1.0	1.1	1.2	1.3	1.3	1.3	1.3	1.4	1.4
80～100	2.0	—	—	1.2	1.2	1.2	1.2	1.3	1.3	1.3	1.4	1.4	1.4	1.4	1.4
100～150	2.2	—	—	1.3	1.3	1.3	1.4	1.5	1.6	1.6	1.6	1.6	1.6	1.6	1.6
150～200	2.6	—	—	1.5	1.5	1.5	1.6	1.7	1.7	1.7	1.8	1.8	1.8	1.8	1.8

厚度方向性能钢板的级别和技术要求 表21

厚度方向性能级别	含硫量(%) 不大于	断面收缩率 ψ_z(%)	
		三个试样平均值	单个试样值
		不小于	
Z15	0.01	15	10
Z25	0.007	25	15
Z35	0.005	35	25

高层建筑结构用钢板的化学成分 表22

牌号	质量等级	厚度(mm)	化学成分(%)								
			C	Si	Mn	P	S	V	Nb	Ti	Als
Q235GJ	C	6～100	≤0.20	≤0.35	0.60～1.20	≤0.025	≤0.015	—	—	—	≥0.015
	D E		≤0.18								
Q345GJ	C	6～100	≤0.20	≤0.55	≤1.60	≤0.025	≤0.015	0.02～0.15	0.015～0.060	0.01～0.10	≥0.015
	D E		≤0.18								
Q235GJZ	C	16～100	≤0.20	≤0.35	0.60～1.20	≤0.020	见表21	—	—	—	≥0.015
	D E		≤0.18								
Q345GJZ	C	16～100	≤0.20	≤0.55	≤1.60	≤0.20	见表21	0.02～0.15	0.015～0.060	0.01～0.10	≥0.015
	D E		≤0.18								

注：Z为厚度方向性能级别Z15，Z25，Z35的缩写。

《厚度方向性能钢板》GB 5313—85 适用于厚度 $t=15\sim150$ mm、$\sigma_b\leqslant500$ MPa 的镇静钢的钢板。它规定了下列二项要求，并将该类钢板划分为 Z15、Z25 和 Z35 三个级别：

(1) 严格控制含硫量 P（%，表21）。

(2) 严格控制厚度方向的断面收缩率 ψ_Z（表21）。

《高层建筑结构用钢板》YB 4104—2000 与《碳素结构钢》GB 700—88、《低合金高强度结构钢》GB/T 1591—94 和《厚度方向性能钢板》GB 5313—85 能协调应用，一起满足《高层民用建筑钢结构技术规程》JGJ 99—98 中对钢板和钢材性能的要求。表22和表23分别列出了这类钢板的化学成分和力学性能。其中 Q 表示屈服点，G 表示高层，J 表示建筑，Z 表示有厚度方向的性能要求。

高层建筑结构用钢板的力学性能　　　　表23

牌号	质量等级	屈服点 σ_s (MPa)				抗拉强度 σ_b (MPa)	伸长率 δ_5 (%) ≥	冲击功 A_{kV} 纵向		180°弯曲试验		屈服比 σ_s/σ_b ≤
		钢板厚度(mm)						温度(℃)	(J) ≥	钢板厚度(mm)		
		6~16	16~35	35~50	50~100					≤16	16~100	
Q235GJ	C	≥235	235~345	225~335	215~325	400~510	23	0	34	2a	3a	0.80
	D							−20				
	E							−40				
Q345GJ	C	≥345	345~455	335~445	325~435	490~610	22	0	34	2a	3a	0.80
	D							−20				
	E							−40				
Q235GJZ	C	—	235~345	225~335	215~325	400~510	23	0	34	2a	3a	0.80
	D							−20				
	E							−40				
Q345GJZ	C	—	345~455	335~445	325~435	490~610	22	0	34	2a	3a	0.80
	D							−20				
	E							−40				

§2.5.4　轧制普通型钢

(1) 角钢（表24、表25、表26、表27和表28）。

(2) 槽钢（表29、表30和表31）。

(3) 工字钢（表32、表33和表34）。

热轧等边和不等边角钢的规格系列及截面特性（按 GB/T 9787—88） 表 24

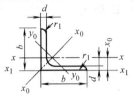

b—边宽度；I—惯性矩；d—边厚度；
W—截面系数；r—内圆弧半径；i—惯性半径；
r_1—边端内圆弧半径；z_0—重心距离

型号	尺寸(mm) b	d	r	截面面积 (cm²)	理论重量 (kg/m)	外表面积 (m²/m)	$x-x$ I_x (cm⁴)	i_x (cm)	W_x (cm³)	x_0-x_0 I_{x0} (cm⁴)	i_{x0} (cm)	W_{x0} (cm³)	y_0-y_0 I_{y0} (cm⁴)	i_{y0} (cm)	W_{y0} (cm³)	x_1-x_1 I_{x1} (cm⁴)	z_0 (cm)
2	20	3	3.5	1.132	0.889	0.078	0.40	0.59	0.29	0.63	0.75	0.45	0.17	0.39	0.20	0.81	0.60
		4		1.459	1.145	0.077	0.50	0.58	0.36	0.78	0.73	0.55	0.22	0.38	0.24	1.09	0.64
2.5	25	3		1.432	1.124	0.098	0.82	0.76	0.46	1.29	0.95	0.73	0.34	0.49	0.33	1.57	0.73
		4		1.859	1.459	0.097	1.03	0.74	0.59	1.62	0.93	0.92	0.43	0.48	0.40	2.11	0.76
3.0	30	3		1.749	1.373	0.117	1.46	0.91	0.68	2.31	1.15	1.09	0.61	0.59	0.51	2.71	0.85
		4		2.276	1.786	0.117	1.84	0.90	0.87	2.92	1.13	1.37	0.77	0.58	0.62	3.63	0.89
3.6	36	3	4.5	2.109	1.656	0.141	2.58	1.11	0.99	4.09	1.39	1.61	1.07	0.71	0.76	4.68	1.00
		4		2.756	2.163	0.141	3.29	1.09	1.28	5.22	1.38	2.05	1.37	0.70	0.93	6.25	1.04
		5		3.382	2.654	0.141	3.95	1.08	1.56	6.24	1.36	2.45	1.65	0.70	1.09	7.84	1.07
4	40	3	5	2.359	1.852	0.157	3.59	1.23	1.23	5.69	1.55	2.01	1.49	0.79	0.96	6.41	1.09
		4		3.086	2.422	0.157	4.60	1.22	1.60	7.29	1.54	2.58	1.91	0.79	1.19	8.56	1.13
		5		3.791	2.976	0.156	5.53	1.21	1.96	8.76	1.52	3.10	2.30	0.78	1.39	10.74	1.17
4.5	45	3	5	2.659	2.088	0.177	5.17	1.40	1.58	8.20	1.76	2.58	2.14	0.89	1.24	9.12	1.22
		4		3.486	2.736	0.177	6.65	1.38	2.05	10.56	1.74	3.32	2.75	0.89	1.54	12.18	1.26
		5		4.292	3.369	0.176	8.04	1.37	2.51	12.74	1.72	4.00	3.33	0.88	1.81	15.2	1.30
		6		5.076	3.985	0.176	9.33	1.36	2.95	14.76	1.70	4.64	3.89	0.88	2.06	18.36	1.33
5	50	3	5.5	2.971	2.332	0.187	7.18	1.55	1.96	11.37	1.96	3.22	2.98	1.00	1.57	12.50	1.34
		4		3.897	3.059	0.197	9.26	1.54	2.56	14.70	1.94	4.16	3.82	0.99	1.96	16.69	1.38
		5		4.803	3.770	0.196	11.21	1.53	3.13	17.70	1.92	5.03	4.64	0.98	2.31	20.90	1.42
		6		5.688	4.465	0.196	13.05	1.52	3.68	20.68	1.91	5.85	5.42	0.98	2.63	25.14	1.46
5.6	56	3	6	3.343	2.624	0.221	10.19	1.75	2.48	16.14	2.20	4.08	4.24	1.13	2.02	17.56	1.48
		4		4.390	3.446	0.220	13.18	1.73	3.24	20.92	2.18	5.28	5.46	1.11	2.52	23.43	1.53
		5		5.415	4.251	0.220	16.02	1.72	3.97	25.42	2.17	6.42	6.61	1.10	2.98	29.33	1.57
		8		8.367	6.568	0.219	23.63	1.68	6.03	37.37	2.11	9.44	9.89	1.09	4.16	47.24	1.68
6.3	63	4	7	4.978	3.907	0.248	19.03	1.96	4.13	30.17	2.46	6.78	7.89	1.26	3.29	33.35	1.70
		5		6.143	4.822	0.248	23.17	1.94	5.08	36.77	2.45	8.25	9.57	1.25	3.90	41.73	1.74
		6		7.288	5.721	0.247	27.12	1.93	6.00	43.03	2.43	9.66	11.20	1.24	4.46	50.14	1.78
		8		0.515	7.469	0.247	34.46	1.90	7.75	54.56	2.40	12.25	14.33	1.23	5.47	67.11	1.85
		10		11.657	9.151	0.246	41.09	1.88	9.39	64.85	2.36	14.56	17.33	1.22	6.36	84.31	1.93

续表

型号	尺寸(mm)			截面面积 (cm²)	理论重量 (kg/m)	外表面积 (m²/m)	参 考 数 值										z_0 (cm)
							$x-x$			x_0-x_0			y_0-y_0			x_1-x_1	
	b	d	r				I_x (cm⁴)	i_x (cm)	W_x (cm³)	I_{x0} (cm⁴)	i_{x0} (cm)	W_{x0} (cm³)	I_{y0} (cm⁴)	i_{y0} (cm)	W_{y0} (cm³)	I_{x1} (cm⁴)	
7	70	4	8	5.570	4.372	0.275	26.39	2.18	5.14	41.80	2.74	8.44	10.99	1.40	4.17	45.74	1.86
		5		6.875	5.397	0.275	32.21	2.16	6.32	51.08	2.73	10.32	13.34	1.39	4.95	57.21	1.91
		6		8.160	6.406	0.275	37.77	2.15	7.48	59.93	2.71	12.11	15.61	1.38	5.67	68.73	1.95
		7		9.424	7.398	0.275	43.09	2.14	8.59	68.35	2.69	13.81	17.82	1.38	6.34	80.29	1.99
		8		10.667	8.373	0.274	48.17	2.12	9.68	76.37	2.68	15.43	19.98	1.37	6.98	91.92	2.03
7.5	75	5	9	7.412	5.818	0.295	39.97	2.33	7.32	63.30	2.92	11.91	16.63	1.50	5.77	70.56	2.04
		6		8.797	6.905	0.294	46.95	2.31	8.64	74.38	2.90	14.02	19.51	1.49	6.67	84.55	2.07
		7		10.160	7.976	0.294	53.57	2.30	9.93	84.96	2.89	16.02	22.18	1.48	7.44	98.71	2.11
		8		11.503	9.030	0.294	59.96	2.28	11.20	95.17	2.88	17.93	24.86	1.47	8.19	112.97	2.15
		10		14.126	11.089	0.293	71.98	2.26	13.64	113.92	2.84	21.48	30.05	1.46	9.56	141.71	2.22
8.0	80	5	9	7.912	6.211	0.315	48.79	2.48	8.34	77.33	3.13	13.67	20.25	1.60	6.66	85.36	2.15
		6		9.397	7.376	0.314	57.35	2.47	9.87	90.98	3.11	16.08	23.72	1.59	7.65	102.50	2.19
		7		10.860	8.525	0.314	65.58	2.46	11.37	104.07	3.10	18.40	27.09	1.58	8.58	119.70	2.23
		8		12.303	9.658	0.314	73.49	2.44	12.83	116.60	3.08	20.61	30.39	1.57	9.46	136.97	2.27
		10		15.126	11.874	0.313	88.43	2.42	15.64	140.09	3.04	24.76	36.77	1.56	11.08	171.74	2.35
9	90	6	10	10.637	8.350	0.354	82.77	2.79	12.61	131.61	3.51	20.63	34.28	1.80	9.95	145.87	2.44
		7		12.301	9.656	0.354	94.83	2.78	14.54	150.47	3.50	23.64	39.18	1.78	11.19	170.30	2.48
		8		13.944	10.946	0.353	106.47	2.76	16.42	168.97	3.48	26.55	43.97	1.78	12.35	194.80	2.52
		10		17.167	13.476	0.353	128.58	2.74	20.07	203.90	3.45	32.04	53.26	1.76	14.52	244.07	2.59
		12		20.306	15.940	0.352	149.22	2.71	23.57	236.21	3.41	37.12	63.22	1.75	16.49	293.76	2.67
10	100	6	12	11.932	9.366	0.393	114.95	3.10	15.68	181.98	3.90	25.74	57.92	2.00	12.69	200.07	2.67
		7		13.796	10.830	0.393	131.86	3.09	18.10	208.97	3.89	29.55	54.74	1.99	14.26	233.54	2.71
		8		15.638	12.276	0.393	148.24	3.08	20.47	235.07	3.88	33.24	61.41	1.98	15.75	267.09	2.76
		10		19.261	15.120	0.392	179.51	3.05	25.06	284.58	3.84	40.26	74.35	1.96	18.54	334.48	2.84
		12		22.800	17.898	0.391	208.90	3.03	29.48	330.95	3.81	46.80	86.84	1.95	21.08	402.34	2.91
		14		26.256	20.611	0.391	236.53	3.00	33.73	374.06	3.77	52.90	99.00	1.94	23.44	470.75	2.99
		16		29.627	23.257	0.390	262.53	2.98	37.82	414.16	3.74	58.57	110.38	1.94	25.63	539.80	3.06
11	110	7	12	15.196	11.928	0.433	177.16	3.41	22.05	280.94	4.30	36.12	73.38	2.20	17.51	310.64	2.96
		8		17.238	13.532	0.433	199.46	3.40	24.95	316.49	4.28	40.69	82.42	2.19	19.39	355.20	3.01
		10		21.261	16.690	0.432	242.19	3.38	30.60	384.39	4.25	49.42	99.98	2.17	22.91	444.65	3.09
		12		25.200	19.782	0.431	282.55	3.35	36.05	448.17	4.22	57.62	116.93	2.15	26.15	534.60	3.16
		14		29.056	22.809	0.431	320.71	3.32	41.31	508.01	4.18	65.31	133.40	2.14	29.14	625.16	3.24
12.5	125	8	14	19.750	15.504	0.492	297.03	3.88	32.52	470.89	4.88	53.28	123.16	2.50	25.86	521.01	3.37
		10		24.373	19.133	0.491	361.67	3.85	39.97	573.89	4.85	64.93	149.46	2.48	30.62	651.93	3.45

续表

型号	尺寸(mm) b	尺寸(mm) d	尺寸(mm) r	截面面积 (cm²)	理论重量 (kg/m)	外表面积 (m²/m)	$x-x$ I_x (cm⁴)	$x-x$ i_x (cm)	$x-x$ W_x (cm³)	x_0-x_0 I_{x0} (cm⁴)	x_0-x_0 i_{x0} (cm)	x_0-x_0 W_{x0} (cm³)	y_0-y_0 I_{y0} (cm⁴)	y_0-y_0 i_{y0} (cm)	y_0-y_0 W_{y0} (cm³)	x_1-x_1 I_{x1} (cm⁴)	z_0 (cm)
12.5	125	12		28.912	22.696	0.491	423.16	3.83	41.17	671.44	4.82	75.96	174.88	2.46	35.03	783.42	3.53
		14		38.367	26.193	0.490	481.65	3.80	54.16	763.73	4.78	86.41	199.57	2.45	39.13	915.61	3.61
14	140	10	14	27.373	21.488	0.551	514.65	4.34	50.58	817.27	5.46	82.56	212.04	2.78	39.20	915.11	3.82
		12		32.512	25.522	0.551	603.68	4.31	59.80	958.79	5.43	96.85	248.57	2.76	45.02	1099.28	3.90
		14		37.567	29.490	0.550	688.81	4.28	68.75	1093.56	5.40	110.47	284.06	2.75	50.45	1284.22	3.98
		16		42.539	33.393	0.549	770.24	4.26	77.46	1221.81	5.36	123.42	318.67	2.74	55.55	1470.07	4.06
16	160	10		31.502	24.729	0.630	779.53	4.98	66.70	1237.30	6.27	109.36	321.76	3.20	52.76	1365.33	4.31
		12		37.441	29.391	0.630	916.58	4.95	78.98	1455.68	6.24	128.67	377.49	3.18	60.74	1639.57	4.39
		14		43.296	33.987	0.629	1048.36	4.92	90.95	1665.22	6.20	147.17	431.70	3.16	68.24	1914.68	4.47
		16		49.067	38.518	0.629	1175.08	4.89	102.63	1865.57	6.17	164.89	484.59	3.14	75.31	2190.82	4.55
18	180	12	16	42.241	33.159	0.710	1321.35	5.59	100.82	2100.10	7.05	165.00	542.61	3.58	78.41	2332.80	4.89
		14		48.896	38.383	0.709	1514.48	5.56	116.25	2407.42	7.02	189.14	621.53	3.56	88.38	2723.48	4.97
		16		55.467	43.542	0.709	1700.99	5.54	131.13	2703.37	6.98	212.40	698.60	3.55	97.83	3115.29	5.05
		18		61.955	48.634	0.708	1875.12	5.53	145.64	2988.24	6.94	234.78	762.01	3.51	105.14	3502.43	5.13
20	200	14	18	54.642	42.894	0.788	2103.55	6.20	144.70	3343.26	7.82	236.40	863.83	3.98	111.82	3734.10	5.46
		16		62.013	48.680	0.788	2366.15	6.18	163.65	3760.89	7.79	265.93	971.41	3.96	123.96	4270.39	5.54
		18		69.301	54.401	0.787	2620.64	6.15	182.22	4164.54	7.75	294.48	1007.74	3.94	135.52	4808.13	5.62
		20		76.505	60.056	0.787	2867.30	6.12	200.42	4554.55	7.72	322.06	1118.04	3.93	146.55	5347.51	5.69
		24		90.661	71.168	0.785	3338.25	6.07	236.17	5294.97	7.64	374.41	1381.53	3.90	166.65	6457.16	5.87

热轧不等边角钢规格系列（按 GB/T 9788—88） 表 25

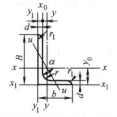

B—长边宽度；I—惯性矩；b—短边宽度；
W—截面系数；d—边厚度；i—惯性半径；r—内圆弧半径；
x_0—重心距离；r_1—边端内圆弧半径；y_0—重心距离

型号	尺寸(mm) B	尺寸(mm) b	尺寸(mm) d	尺寸(mm) r	截面面积 (cm²)	理论重量 (kg/m)	外表面积 (m²/m)	$x-x$ I_x (cm⁴)	$x-x$ i_x (cm)	$x-x$ W_x (cm³)	$y-y$ I_y (cm⁴)	$y-y$ i_y (cm)	$y-y$ W_y (cm³)	x_1-x_1 I_{x1} (cm⁴)	x_1-x_1 y_0 (cm)	y_1-y_1 I_{y1} (cm⁴)	y_1-y_1 x_0 (cm)	$u-u$ I_u (cm⁴)	$u-u$ i_u (cm)	$u-u$ W_u (cm³)	$\tan\alpha$
2.5/1.6	25	16	3	3.5	1.162	0.912	0.080	0.70	0.78	0.43	0.22	0.44	0.19	1.56	0.86	0.43	0.42	0.14	0.34	0.16	0.392
			4		1.499	1.176	0.079	0.88	0.77	0.55	0.27	0.43	0.24	2.09	0.90	0.59	0.46	0.17	0.34	0.20	0.381
3.2/2	32	20	3		1.492	1.171	0.102	1.53	1.01	0.72	0.46	0.55	0.30	3.27	1.08	0.82	0.49	0.28	0.43	0.25	0.382
			4		1.939	1.522	0.101	1.93	1.00	0.93	0.57	0.54	0.39	4.37	1.12	1.12	0.53	0.35	0.42	0.32	0.374

续表

型号	尺寸(mm)				截面面积 (cm²)	理论重量 (kg/m)	外表面积 (m²/m)	参考数值												
								x-x			y-y			x₁-x₁		y₁-y₁		u-u		
	B	b	d	r				I_x (cm⁴)	i_x (cm)	W_x (cm³)	I_y (cm⁴)	i_y (cm)	W_y (cm³)	I_{x1} (cm⁴)	y_0 (cm)	I_{y1} (cm⁴)	x_0 (cm)	I_u (cm⁴)	i_u (cm)	W_u (cm³)	$\tan\alpha$
4/2.5	40	25	3	4	1.890	1.484	0.127	3.08	1.28	1.15	0.93	0.70	0.49	5.39	1.32	1.59	0.59	0.56	0.54	0.40	0.385
			4		2.467	1.936	0.127	3.93	1.36	1.49	1.18	0.69	0.63	8.53	1.37	2.14	0.63	0.71	0.54	0.52	0.381
4.5/2.8	45	28	3	5	2.149	1.687	0.143	4.45	1.44	1.47	1.34	0.79	0.62	9.10	1.47	2.23	0.64	0.80	0.61	0.51	0.383
			4		2.806	2.203	0.143	5.69	1.42	1.91	1.70	0.78	0.80	12.13	1.51	3.00	0.68	1.02	0.60	0.66	0.380
5/3.2	50	32	3	5.5	2.431	1.908	0.161	6.24	1.60	1.84	2.02	0.91	0.82	12.49	1.60	3.31	0.73	1.20	0.70	0.68	0.404
			4		3.177	2.494	0.160	8.02	1.59	2.39	2.58	0.90	1.06	16.65	1.65	4.45	0.77	1.53	0.69	0.87	0.402
5.6/3.6	56	36	3	6	2.743	2.153	0.181	8.88	1.80	2.32	2.92	1.03	1.05	17.54	1.78	4.70	0.80	1.73	0.79	0.87	0.408
			4		3.590	2.818	0.180	11.45	1.79	3.03	3.76	1.02	1.37	23.39	1.82	6.33	0.85	2.23	0.79	1.13	0.408
			5		4.415	3.466	0.180	13.86	1.77	3.71	4.49	1.01	1.65	29.25	1.87	7.94	0.88	2.67	0.78	1.36	0.404
6.3/4	63	40	4	7	4.058	3.185	0.222	16.49	2.02	3.87	5.23	1.14	1.70	33.30	2.04	8.63	0.92	3.12	0.88	1.40	0.398
			5		4.993	3.920	0.222	20.02	2.00	4.74	6.31	1.12	2.71	41.63	2.08	10.86	0.95	3.76	0.87	1.71	0.396
			6		5.908	4.638	0.221	23.36	1.96	5.59	7.29	1.11	2.43	49.98	2.12	13.12	0.99	4.34	0.86	1.99	0.393
			7		6.802	5.339	0.221	26.53	1.98	6.40	8.24	1.10	2.78	58.07	2.15	15.47	1.03	4.97	0.86	2.29	0.389
7/4.5	70	45	4	7.5	4.547	3.570	0.226	23.17	2.26	4.86	7.55	1.29	2.17	45.92	2.24	12.26	1.02	4.40	0.98	1.77	0.410
			5		5.609	4.403	0.225	27.95	2.23	5.92	9.13	1.28	2.65	57.10	2.28	15.39	1.06	5.40	0.98	2.19	0.407
			6		6.647	5.218	0.225	32.54	2.21	6.95	10.62	1.26	3.12	68.35	2.32	18.58	1.09	6.35	0.98	2.59	0.404
			7		7.657	6.011	0.225	37.22	2.20	8.03	12.01	1.25	3.75	79.99	2.36	21.84	1.13	7.16	0.97	2.94	0.402
(7.5/5)	75	50	5	8	6.125	4.808	0.245	34.86	2.39	6.83	12.61	1.44	3.30	70.00	2.40	21.04	1.17	7.41	1.10	2.74	0.435
			6		7.260	5.699	0.245	41.12	2.38	8.12	14.70	1.42	3.88	84.30	2.44	25.37	1.21	8.54	1.08	3.19	0.435
			8		9.467	7.431	0.244	52.39	2.35	10.52	18.53	1.40	4.99	112.50	2.52	34.23	1.29	10.87	1.07	4.10	0.429
			10		11.590	9.098	0.244	62.71	2.33	12.79	21.96	1.38	6.04	140.80	2.60	43.43	1.36	13.10	1.06	4.99	0.423
8/5	80	50	5	8	6.375	5.005	0.255	41.96	2.56	7.78	12.82	1.42	3.32	85.21	2.60	21.06	1.14	7.66	1.10	2.74	0.388
			6		7.560	5.935	0.255	49.49	2.56	9.25	14.95	1.41	3.91	102.53	2.65	25.41	1.18	8.85	1.08	3.20	0.387
			7		8.724	6.848	0.255	56.16	2.54	10.58	16.96	1.39	4.48	119.33	2.69	29.82	1.21	10.18	1.08	3.70	0.384
			8		9.867	7.745	0.254	62.83	2.52	11.92	18.85	1.38	5.03	136.41	2.73	34.32	1.25	11.38	1.07	4.16	0.381
9/5.6	90	56	5	9	7.212	5.661	0.287	60.45	2.90	9.92	18.32	1.59	4.21	121.32	2.91	29.53	1.25	10.98	1.23	3.49	0.385
			6		8.557	6.717	0.286	71.03	2.88	11.74	21.42	1.58	4.96	145.59	2.95	35.58	1.29	12.90	1.23	4.13	0.384
			7		9.880	7.756	0.286	81.01	2.86	13.49	24.36	1.57	5.70	169.60	3.00	41.71	1.33	14.67	1.22	4.72	0.382
			8		11.183	8.779	0.286	91.03	2.85	15.27	27.15	1.56	6.41	194.17	3.04	47.93	1.36	16.34	1.21	5.29	0.380
10/6.3	100	63	6	10	9.617	7.550	0.320	99.06	3.21	14.64	30.94	1.79	6.35	199.71	3.24	50.50	1.43	18.42	1.38	5.25	0.394
			7		11.111	8.722	0.320	113.45	3.20	16.88	35.36	1.78	7.29	233.00	3.28	59.14	1.47	21.00	1.38	6.02	0.394
			8		12.584	9.878	0.319	127.37	3.18	19.08	39.39	1.77	8.21	266.32	3.32	67.88	1.50	23.50	1.37	6.78	0.391
			10		15.467	12.142	0.319	153.81	3.15	23.32	47.12	1.74	9.98	333.06	3.40	85.73	1.58	28.33	1.35	8.24	0.387

续表

型号	尺寸(mm)				截面面积(cm²)	理论重量(kg/m)	外表面积(m²/m)	参考数值											
								x—x			y—y			x₁—x₁		y₁—y₁		u—u			
	B	b	d	r				I_x (cm⁴)	i_x (cm)	W_x (cm³)	I_y (cm⁴)	i_y (cm)	W_y (cm³)	I_{x1} (cm⁴)	y_0 (cm)	I_{y1} (cm⁴)	x_0 (cm)	I_u (cm⁴)	i_u (cm)	W_u (cm³)	$\tan\alpha$
10/8	100	80	6	10	10.637	8.350	0.354	107.04	3.17	15.19	61.24	2.40	10.16	199.83	2.95	102.68	1.97	31.65	1.72	8.37	0.627
			7		12.301	9.656	0.354	122.73	3.16	17.52	70.08	2.39	11.71	233.20	3.00	119.98	2.01	36.17	1.72	9.60	0.626
			8		13.944	10.946	0.353	137.92	3.14	19.81	78.58	2.37	13.21	266.61	3.04	137.37	2.05	40.58	1.71	10.80	0.625
			10		17.167	13.476	0.353	166.87	3.12	24.24	94.65	2.35	16.12	333.63	3.12	172.48	2.13	49.10	1.69	13.12	0.622
11/7	110	70	6	10	10.637	8.350	0.354	133.37	3.54	17.85	42.92	2.01	7.90	265.78	3.53	69.08	1.57	25.36	1.54	6.53	0.403
			7		12.301	9.656	0.354	153.00	3.53	20.60	49.01	2.00	9.09	310.07	3.57	80.82	1.61	28.95	1.53	7.50	0.402
			8		13.944	10.946	0.353	172.04	3.51	23.30	54.87	1.98	10.25	354.39	3.62	92.70	1.65	32.45	1.53	8.45	0.401
			10		17.167	13.476	0.353	208.39	3.48	28.54	65.88	1.96	12.48	443.13	3.70	116.83	1.72	39.20	1.51	10.29	0.397
12.5/8	125	80	7	11	14.096	11.066	0.403	227.98	4.02	26.86	74.42	2.30	12.01	454.99	4.01	120.32	1.80	43.81	1.76	9.92	0.408
			8		15.989	12.551	0.403	256.77	4.01	30.41	83.49	2.28	13.56	519.99	4.06	137.85	1.84	49.15	1.75	11.18	0.407
			10		19.712	15.474	0.402	312.04	3.98	37.33	100.67	2.26	16.56	650.09	4.14	173.40	1.92	59.45	1.74	13.64	0.404
			12		23.351	18.330	0.402	364.41	3.95	44.01	116.67	2.24	19.43	780.39	4.22	209.67	2.00	69.35	1.72	16.01	0.400
14/9	140	90	8	12	18.038	14.160	0.453	365.64	4.50	38.48	120.69	2.59	17.34	730.53	4.50	195.79	2.04	70.83	1.98	14.31	0.411
			10		22.261	17.475	0.452	445.50	4.47	47.31	140.03	2.56	21.22	913.20	4.58	245.92	2.12	85.82	1.96	17.48	0.409
			12		26.400	20.724	0.451	521.59	4.44	55.87	169.79	2.54	24.95	1096.09	4.66	296.89	2.19	100.21	1.95	20.54	0.406
			14		30.456	23.908	0.451	594.10	4.42	64.18	192.10	2.51	28.54	1279.26	4.74	348.82	2.27	114.13	1.94	23.52	0.403
16/10	160	100	10	13	25.315	19.872	0.512	668.69	5.14	62.13	205.03	2.85	26.56	1362.89	5.24	336.59	2.28	121.74	2.19	21.92	0.390
			12		30.054	23.592	0.511	784.91	5.11	73.49	239.06	2.82	31.28	1635.56	5.32	405.94	2.36	142.33	2.17	25.79	0.388
			14		34.709	27.247	0.510	896.30	5.08	84.56	271.20	2.80	35.83	1908.50	5.40	476.42	2.43	162.23	2.16	29.56	0.385
			16		39.281	30.835	0.510	1003.04	5.05	95.33	301.60	2.77	40.24	2181.79	5.48	548.22	2.51	182.57	2.16	33.44	0.382
18/10	180	110	10	14	28.373	22.273	0.571	956.25	5.80	78.96	278.11	3.13	32.49	1940.40	5.89	447.22	2.44	166.50	2.42	26.88	0.376
			12		33.712	26.464	0.571	1124.72	5.78	93.53	325.03	3.10	38.32	2328.38	5.98	538.94	2.52	194.87	2.40	31.66	0.374
			14		38.967	30.589	0.570	1286.91	5.75	107.76	369.55	3.08	43.97	2716.60	6.06	631.95	2.59	222.30	2.39	36.32	0.372
			16		44.139	34.649	0.569	1443.06	5.72	121.64	411.85	3.06	49.44	3105.15	6.14	726.46	2.67	248.94	2.38	40.87	0.369
20/12.5	200	125	12	14	37.912	29.761	0.641	1570.90	6.44	116.73	483.16	3.57	49.99	3193.85	6.54	787.74	2.83	285.79	2.74	41.23	0.392
			14		43.867	34.436	0.640	1800.97	6.41	134.65	550.83	3.54	57.44	3726.17	6.62	922.47	2.91	326.58	2.73	47.34	0.390
			16		49.739	39.045	0.639	2023.35	6.38	152.18	615.44	3.52	64.69	4258.86	6.70	1058.86	2.99	366.21	2.71	53.32	0.388
			18		55.526	43.588	0.639	2238.30	6.35	169.33	677.19	3.49	71.74	4792.00	6.78	1197.13	3.06	404.83	2.70	59.18	0.385

注：1. 括号内型号不推荐使用。
2. 截面图中的 $r_1=1/3d$ 及表中 r 值的数据用于孔型设计，不做交货条件。

等边角钢边宽度、边厚度尺寸允许偏差

表 26

型 号	允许偏差（mm）	
	边宽度 b	边厚度 d
2～5.6	±0.8	±0.4
6.3～9	±1.2	±0.6
10～14	±1.8	±0.7
16～20	±2.5	±1.0

不等边角钢边宽度、边厚度尺寸允许偏差

表 27

型 号	允许偏差（mm）	
	边宽度 B、b	边厚度 d
2.5/1.6～5.6/3.6	±0.8	±0.4
6.3/4～9/5.6	±1.5	±0.6
10/6.3～14/9	±2.0	±0.7
16/10～20/12.5	±2.5	±1.0

角钢通常长度

表 28

型 号		长度(m)	型 号		长度(m)
等边角钢	不等边角钢		等边角钢	不等边角钢	
2～9	2.5/1.6～9/5.6	4～12	16～20	16/10～20/12.5	6～19
10～14	10/6.3～14/9	4～19			

热轧普通槽钢的尺寸、截面面积、理论重量及截面特性（按 GB 707—88）　　表 29

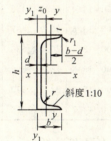

h—高度；b—腿宽度；d—腰厚度；t—平均腿厚度；
r—内圆弧半径；r_1—腿端圆弧半径；I—惯性矩；
W—截面系数；i—惯性半径；z_0—y 轴与 y_1y_1 轴间距

型号	尺 寸（mm）						截面面积 (cm^2)	理论重量 (kg/m)	参 考 数 值						
									$x-x$			$y-y$			y_1-y_1	z_0 (cm)
	h	b	d	t	r	r_1			W_x (cm^3)	I_x (cm^4)	i_x (cm)	W_y (cm^3)	I_y (cm^4)	i_y (cm)	I_{y1} (cm^4)	
5	50	37	4.5	7.0	7.0	3.5	6.928	5.438	10.4	26.0	1.94	3.55	8.30	1.10	20.9	1.35
6.3	63	40	4.8	7.5	7.5	3.8	8.451	6.634	16.1	50.8	2.45	4.50	11.9	1.19	28.4	1.36
8	80	43	5.0	8.0	8.0	4.0	10.248	8.045	25.3	101	3.15	5.79	16.6	1.27	37.4	1.43
10	100	48	5.3	8.5	8.5	4.2	12.748	10.007	39.7	198	3.95	7.80	25.6	1.41	54.9	1.52
12.6	126	53	5.5	9.0	9.0	4.5	15.692	12.318	62.1	391	4.95	10.2	38.0	1.57	77.1	1.59
14a	140	58	6.0	9.5	9.5	4.8	18.516	14.535	80.5	564	5.52	13.0	53.2	1.70	107	1.71
14c	140	60	8.0	9.5	9.5	4.8	21.316	16.733	87.1	609	5.35	14.1	61.1	1.69	121	1.67
16a	160	63	6.5	10.0	10.0	5.0	21.962	17.240	108	866	6.28	16.3	73.3	1.83	144	1.80
16	160	65	8.5	10.0	10.0	5.0	25.162	19.752	117	935	6.10	17.6	83.4	1.82	161	1.75
18a	180	68	7.0	10.5	10.5	5.2	25.699	20.174	141	1270	7.04	20.0	98.6	1.96	190	1.88
18	180	70	9.0	10.5	10.5	5.2	29.299	23.000	152	1370	6.84	21.5	111	1.95	210	1.84
20a	200	73	7.0	11.0	11.0	5.5	28.837	22.637	178	1780	7.86	24.2	128	2.11	244	2.01

续表

型号	尺 寸(mm)						截面面积 (cm^2)	理论重量 (kg/m)	参 考 数 值							
									$x-x$			$y-y$			y_1-y_1	z_0 (cm)
	h	b	d	t	r	r_1			W_x (cm^3)	I_x (cm^4)	i_x (cm)	W_y (cm^3)	I_y (cm^4)	i_y (cm)	I_{y1} (cm^4)	
20	200	75	9.0	11.0	11.0	5.5	32.837	25.777	191	1910	7.64	25.9	144	2.09	268	1.95
22a	220	77	7.0	11.5	11.5	5.8	31.846	24.999	218	2390	8.67	28.2	158	2.23	298	2.10
22	220	79	9.0	11.5	11.5	5.8	36.246	28.453	234	2570	8.42	30.1	176	2.21	326	2.03
25a	250	78	7.0	12.0	12.0	6.0	34.917	27.410	270	3370	9.82	30.6	176	2.24	322	2.07
25b	250	80	9.0	12.0	12.0	6.0	39.917	31.335	282	3530	9.41	32.7	196	2.22	353	1.98
25c	250	82	11.0	12.0	12.0	6.0	44.917	35.260	295	3690	9.07	35.9	218	2.21	384	1.92
28a	280	82	7.5	12.5	12.5	6.2	40.034	31.427	340	4760	10.9	35.7	218	2.33	388	2.10
28b	280	84	9.5	12.5	12.5	6.2	45.634	35.823	366	5130	10.6	37.9	242	2.30	428	2.02
28c	280	86	11.5	12.5	12.5	6.2	51.234	40.219	393	5500	10.4	40.3	268	2.29	463	1.95
32a	320	88	8.0	14.0	14.0	7.0	48.513	38.083	475	7600	12.5	46.5	305	2.50	552	2.24
32b	320	90	10.0	14.0	14.0	7.0	54.913	43.107	509	8140	12.2	49.2	336	2.47	593	2.16
32c	320	92	12.0	14.0	14.0	7.0	61.313	48.131	543	8690	11.9	52.6	374	2.47	643	2.09
36a	360	96	9.0	16.0	16.0	8.0	60.910	47.814	660	11900	14.0	63.5	455	2.73	818	2.44
36b	360	98	11.0	16.0	16.0	8.0	68.110	53.466	703	12700	13.6	66.9	497	2.70	880	2.37
36c	360	100	13.0	16.0	16.0	8.0	75.310	59.118	746	13400	13.4	70.0	536	2.67	948	2.34
40a	400	100	10.5	18.0	18.0	9.0	75.068	58.928	879	17600	15.3	78.8	592	2.81	1070	2.49
40b	400	102	12.5	18.0	18.0	9.0	83.086	65.208	932	18600	15.0	82.5	640	2.78	1140	2.44
40c	400	104	14.5	18.0	18.0	9.0	91.068	71.488	986	19700	14.7	86.2	688	2.75	1220	2.42

经供需双方协议，可供应的热轧普通槽钢（GB 707—88） 表30

型号	尺 寸(mm)						截面面积 (cm^2)	理论重量 (kg/m)	参 考 数 值							
									$x-x$			$y-y$			y_1-y_1	z_0 (cm)
	h	b	d	t	r	r_1			W_x (cm^3)	I_x (cm^4)	i_x (cm)	W_y (cm^3)	I_y (cm^4)	i_y (cm)	I_{y1} (cm^4)	
6.5	65	40	4.3	7.5	7.5	3.8	8.547	6.709	17.0	55.2	2.54	4.59	12	1.19	28.3	1.38
12	120	53	5.5	9.0	9.0	4.5	15.362	12.059	57.7	346	4.75	10.2	37.4	1.56	77.7	1.62
24a	240	78	7.0	12.0	12.0	6.0	34.217	26.860	254	3050	9.45	30.5	174	2.25	325	2.10
24b	240	80	9.0	12.0	12.0	6.0	39.017	30.628	274	3280	9.17	32.5	194	2.23	355	2.03
24c	240	82	11.0	12.0	12.0	6.0	43.817	34.396	293	3510	8.96	34.4	213	2.21	388	2.00
27a	270	82	7.5	12.5	12.5	6.2	39.284	30.838	323	4360	10.5	35.5	216	2.34	393	2.13
27b	270	84	9.5	12.5	12.5	6.2	44.684	35.077	347	4690	10.3	37.7	239	2.31	428	2.06
27c	270	86	11.5	12.5	12.5	6.2	50.084	39.316	372	5020	10.1	39.9	261	2.28	467	2.03
30a	300	85	7.5	13.5	13.5	6.8	43.902	34.463	403	6050	11.7	41.1	260	2.43	467	2.17
30b	300	87	9.5	13.5	13.5	6.8	49.902	39.173	433	6500	11.4	44.0	289	8.41	515	2.13
30c	300	89	11.5	13.5	13.5	6.8	55.902	43.883	463	6950	11.2	46.4	316	2.38	560	2.09

表 31

热轧轻型槽钢的尺寸、截面面积、理论重量及截面特性（YB 164—63）

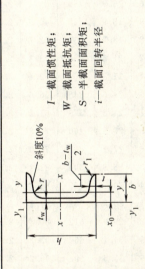

I—截面惯性矩；
W—截面抵抗矩；
S—半截面面积矩；
i—截面回转半径

型号	尺寸 (mm)						截面面积 A (cm²)	重量 (kg/m)	x_0 (cm)	截面特性								
										x–x 轴				y–y 轴				y_1–y_1 轴
	h	b	t_w	t	r	r_1				I_x (cm⁴)	W_x (cm³)	S_x (cm³)	i_x (cm)	I_y (cm⁴)	$W_{y\max}$ (cm³)	$W_{y\min}$ (cm³)	i_y (cm)	I_{y1} (cm⁴)
[5	50	32	4.4	7.0	6.0	2.5	6.16	4.84	1.16	22.8	9.1	5.6	1.92	5.6	4.8	2.8	0.95	13.9
[6.5	65	36	4.4	7.2	6.0	2.5	7.51	5.70	1.24	48.6	15.0	9.0	2.54	8.7	7.0	3.7	1.08	20.2
[8	80	40	4.5	7.4	6.5	2.5	8.98	7.05	1.31	89.4	22.4	13.3	3.16	12.8	9.8	4.8	1.19	28.2
[10	100	46	4.5	7.6	7.0	3.0	10.94	8.59	1.44	173.9	34.8	20.4	3.99	20.4	14.2	6.5	1.37	43.0
[12	120	52	4.8	7.8	7.5	3.0	13.28	10.43	1.54	303.9	50.6	29.6	4.78	31.2	20.2	8.5	1.53	62.8
[14	140	58	4.9	8.1	8.0	3.0	15.65	12.28	1.67	491.1	70.2	40.8	5.60	45.4	27.1	11.0	1.70	89.2
[14a	140	62	4.9	8.7	8.0	3.0	16.98	13.33	1.87	544.8	77.8	45.1	5.66	57.5	30.7	13.3	1.84	116.9
[16	160	64	5.0	8.4	8.5	3.5	18.12	14.22	1.80	747.0	93.4	54.1	6.42	63.3	35.1	13.8	1.87	122.2
[16a	160	68	5.0	9.0	8.5	3.5	19.54	15.34	2.00	823.3	102.9	59.4	6.49	78.8	39.4	16.4	2.01	157.1
[18	180	70	5.1	8.7	9.0	3.5	20.71	16.25	1.94	1086.3	120.7	69.8	7.24	86.0	44.4	17.0	2.04	163.6
[18a	180	74	5.1	9.3	9.0	3.5	22.23	17.45	2.14	1190.7	132.3	76.1	7.32	105.4	49.4	20.0	2.18	206.7
[20	200	76	5.2	9.0	9.5	4.0	23.40	18.37	2.07	1522.0	152.2	87.8	8.07	113.4	54.9	20.5	2.20	213.3
[20a	200	80	5.2	9.7	9.5	4.0	25.16	19.75	2.28	1672.4	167.2	95.9	8.15	138.6	60.8	24.2	2.35	269.3
[22	220	82	5.4	9.5	10.0	4.0	26.72	20.97	2.21	2109.5	191.8	110.4	8.89	150.6	68.0	25.1	2.37	281.4
[22a	220	87	5.4	10.2	10.0	4.0	28.81	22.62	2.46	2327.1	211.6	121.1	8.99	187.1	76.1	30.0	2.55	361.3
[24	240	90	5.6	10.0	10.5	4.0	30.64	24.05	2.42	2901.1	241.8	138.8	9.73	207.6	85.7	31.6	2.60	387.4
[24a	240	95	5.6	10.7	10.5	4.0	33.89	25.82	2.67	3181.2	265.1	151.3	9.83	253.6	95.0	37.2	2.78	488.5
[27	270	95	6.0	10.5	11.0	4.5	35.23	27.66	2.47	4163.3	308.4	177.6	10.87	261.8	105.8	37.3	2.73	477.5
[30	300	100	6.5	11.0	12.0	5.0	40.47	31.77	2.52	5808.3	387.2	224.0	11.98	326.6	129.8	43.6	2.84	582.9
[33	330	105	7.0	11.7	13.0	5.0	46.52	36.52	2.59	7984.1	483.9	280.9	13.10	410.1	158.3	51.8	2.97	722.2
[36	360	110	7.5	12.6	14.0	6.0	53.37	41.90	2.68	10815.5	600.9	349.6	14.24	513.5	191.3	61.8	3.10	898.2
[40	400	115	8.0	13.5	15.0	6.0	61.53	48.30	2.75	15219.6	761.0	444.3	15.73	642.3	233.1	73.4	3.23	1109.2

注：轻型槽钢的通常长度：[5～[8，为 5～12m；[10～[18，为 5～19m；[20～[40，为 6～19m。

热轧普通工字钢的尺寸、截面面积、理论重量及截面特性（摘自 GB/T 706—88） 表 32

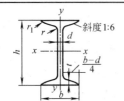

h—高度；b—腿宽度；d—腰厚度；t—平均腿厚度；
r—内圆弧半径；r_1—腿端圆弧半径；I—惯性矩；
W—截面系数；i—惯性半径；S—半截面的静力矩

型号	尺寸(mm)						截面面积 (cm^2)	理论重量 (kg/m)	参考数值						
									$x-x$				$y-y$		
	h	b	d	t	r	r_1			I_x (cm^4)	W_x (cm^3)	i_x (cm)	$I_x:S_x$	I_y (cm^4)	W_y (cm^3)	i_y (cm)
10	100	68	4.5	7.6	6.5	3.3	14.345	11.261	245	49.0	4.14	8.59	33.0	9.72	1.52
12.6	120	74	5.0	8.4	7.0	3.5	18.118	14.223	488	77.5	5.20	10.8	46.9	12.7	1.61
14	140	80	5.5	9.1	7.5	3.8	21.516	16.890	712	102	5.76	12.0	64.4	16.1	1.73
16	160	88	6.0	9.9	8.0	4.0	26.131	20.513	1130	141	6.58	13.8	93.1	21.2	1.89
18	180	94	6.5	10.7	8.5	4.3	30.756	24.143	1660	185	7.36	15.4	122	26.0	2.00
20a	200	100	7.0	11.4	9.0	4.5	35.578	27.929	2370	237	8.15	17.2	158	31.5	2.12
20b	200	102	9.0	11.4	9.0	4.5	39.578	31.069	2500	250	7.96	16.9	169	33.1	2.06
22a	220	110	7.5	12.3	9.5	4.8	42.128	33.070	3400	309	8.99	18.9	225	40.9	2.31
22b	220	112	9.5	12.3	9.5	4.8	46.528	36.524	3570	325	8.78	18.7	239	42.7	2.27
25a	250	116	8.0	13.0	10.0	5.0	48.541	38.105	5020	402	10.2	21.6	280	48.3	2.40
25b	250	118	10.0	13.0	10.0	5.0	53.541	42.030	5280	423	9.94	21.3	309	52.4	2.40
28a	280	122	8.5	13.7	10.5	5.3	55.404	43.492	7110	508	11.3	24.6	345	56.6	2.50
28b	280	124	10.5	13.7	10.5	5.3	61.004	47.888	7480	534	11.1	24.2	379	61.2	2.49
32a	320	130	9.5	15.0	11.5	5.8	67.156	52.717	11100	692	12.8	27.5	460	70.8	2.62
32b	320	132	11.5	15.0	11.5	5.8	73.556	57.741	11600	726	12.6	27.1	502	76.0	2.61
32c	320	134	13.5	15.0	11.5	5.8	79.956	62.765	12200	760	12.3	26.8	544	81.2	2.61
36a	360	136	10.0	15.8	12.0	6.0	6.480	60.037	15800	875	14.4	30.7	552	81.2	2.69
36b	360	138	12.0	15.8	12.0	6.0	83.680	65.689	16500	919	14.1	30.3	582	84.3	2.64
36c	360	140	14.0	15.8	12.0	6.0	90.880	71.341	17300	962	13.8	29.9	612	87.4	2.60
40a	400	142	10.5	16.5	12.5	6.3	86.112	67.598	21700	1090	15.9	34.1	660	93.2	2.77
40b	400	144	12.5	16.5	12.5	6.3	94.112	73.878	22800	1140	15.6	33.6	692	96.2	2.71
40c	400	146	14.5	16.5	12.5	6.3	102.112	80.158	23900	1190	15.2	33.2	727	99.6	2.65
45a	450	150	11.5	18.0	13.5	6.8	102.446	80.420	32200	1430	17.7	38.6	855	114	2.89
45b	450	152	13.5	18.0	13.5	6.8	111.446	87.485	33800	1500	17.4	38.0	894	118	2.84
45c	450	154	15.5	18.0	13.5	6.8	120.446	94.550	35300	1570	17.1	37.6	938	122	2.79
50a	500	158	12.0	20.0	14.0	7.0	119.304	93.654	46500	1860	19.7	42.8	1120	142	3.07
50b	500	160	14.0	20.0	14.0	7.0	129.304	101.504	48600	1940	19.4	42.4	1170	146	3.01
50c	500	162	16.0	20.0	14.0	7.0	139.304	109.354	50600	2080	19.0	41.8	1220	151	2.96
56a	560	166	12.5	21.0	14.5	7.3	135.435	106.316	65600	2340	22.0	47.7	1370	165	3.18
56b	560	168	14.5	21.0	14.5	7.3	146.635	115.108	68500	2450	21.6	47.2	1490	174	3.16
56c	560	170	16.5	21.0	14.5	7.3	157.835	123.900	71400	2550	24.3	46.7	1560	183	3.16
63a	630	176	13.0	22.0	15.0	7.5	154.658	121.407	93900	2980	24.5	54.2	1700	193	3.31
63b	630	178	15.0	22.0	15.0	7.5	167.258	131.298	98100	3160	24.2	53.5	1810	204	3.29
63c	630	180	17.0	22.0	15.0	7.5	179.858	141.189	10200	3300	23.8	52.9	1920	214	3.27

经供需双方协议，可供应的普通工字钢   表 33

型号	尺寸(mm)						截面面积 (cm²)	理论重量 (kg/m)	参考数值						
									$x-x$				$y-y$		
	h	b	d	t	r	r_1			I_x (cm⁴)	W_x (cm³)	i_x (cm)	$I_x:S_x$	I_y (cm⁴)	W_y (cm³)	i_y (cm)
12	120	74	5.0	8.4	7.0	3.5	17.818	13.987	436	72.7	4.99	10.3	46.9	12.7	1.62
24a	240	116	8.0	13.0	10.0	5.0	47.741	37.477	4570	381	9.77	20.7	280	48.4	2.42
24b	240	118	10.0	13.0	10.0	5.0	52.541	41.245	1800	400	9.57	20.4	297	50.4	2.38
27a	270	122	8.5	13.7	10.5	5.3	54.554	42.825	6550	485	10.9	23.8	345	56.6	2.51
27b	270	124	10.5	13.7	10.5	5.3	59.954	47.064	6870	509	10.7	22.9	366	58.9	2.47
30a	300	126	9.0	14.4	11.0	5.5	61.254	48.084	8950	597	12.1	25.7	400	63.5	2.55
30b	300	128	11.0	14.4	11.0	5.5	67.254	52.794	9400	627	11.8	25.4	422	65.9	2.50
30c	300	130	13.0	14.4	11.0	5.5	73.254	57.504	9850	657	11.6	26.0	445	68.5	2.46
55a	550	166	12.5	21.0	14.5	7.3	134.185	105.335	62900	2290	21.6	46.9	1370	164	3.19
55b	550	168	14.5	21.0	14.5	7.3	145.185	113.970	65600	2390	21.2	46.4	1420	170	3.14
55c	550	170	16.5	21.0	14.5	7.3	156.185	122.605	68400	2490	20.9	45.8	1480	175	3.08

热轧轻型工字钢的尺寸、截面面积、理论重量及截面特性（摘自 YB 163—63）   表 34

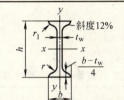

I—截面惯性矩；
W—截面抵抗矩；
S—半截面面积矩；
i—截面回转半径

型号	尺寸(mm)						截面面积 A(cm²)	每米重量 (kg/m)	截面特性						
									$x-x$ 轴				$y-y$ 轴		
	h	b	t_w	t	r	r_1			I_x (cm⁴)	W_x (cm³)	S_x (cm³)	i_x(cm)	I_y (cm⁴)	W_y (cm³)	i_y (cm)
Ⅰ10	100	55	4.5	7.2	7.0	2.5	12.05	9.46	198	39.7	23.0	4.06	17.9	6.5	1.22
Ⅰ12	120	64	4.8	7.3	7.5	3.0	14.71	11.55	351	58.4	33.7	4.88	27.9	8.7	1.38
Ⅰ14	140	73	4.9	7.5	8.0	3.0	17.43	13.68	572	81.7	46.8	5.73	41.9	11.5	1.55
Ⅰ16	160	81	5.0	7.8	8.5	3.5	20.24	15.89	873	109.2	62.3	6.57	58.6	14.5	1.70
Ⅰ18	180	90	5.1	8.1	9.0	3.5	23.38	18.35	1288	143.1	81.4	7.42	82.6	18.4	1.88
Ⅰ18a	180	100	5.1	8.3	9.0	3.5	25.38	19.92	1431	159.0	89.8	7.51	114.2	22.8	2.12
Ⅰ20	200	100	5.2	8.4	9.5	4.0	26.81	21.04	1840	184.0	104.2	8.28	115.4	23.1	2.08
Ⅰ20a	200	110	5.2	8.6	9.5	4.0	28.91	22.69	2027	202.7	114.1	8.37	154.9	28.2	2.32
Ⅰ22	220	110	5.4	8.7	10.0	4.0	30.62	24.04	2554	232.1	131.2	9.13	157.4	28.6	2.27
Ⅰ22a	220	120	5.4	8.9	10.0	4.0	32.82	25.76	2792	253.8	142.7	9.22	205.9	34.3	2.50
Ⅰ24	240	115	5.6	9.5	10.5	4.0	34.83	27.35	3465	288.7	163.1	9.97	198.5	34.5	2.39
Ⅰ24a	240	125	5.6	9.8	10.5	4.0	37.45	29.40	3801	316.7	177.9	10.07	260.0	41.6	2.63
Ⅰ27	270	125	6.0	9.6	11.0	4.5	40.17	31.54	5011	371.2	210.0	11.17	259.6	41.5	2.54
Ⅰ27a	270	135	6.0	10.2	11.0	4.5	43.17	33.89	5500	407.4	229.1	11.29	337.5	50.0	2.80
Ⅰ30	300	135	6.5	10.2	12.0	5.0	46.48	36.49	7084	472.3	267.8	12.35	337.0	49.9	2.69
Ⅰ30a	300	145	6.5	10.7	12.0	5.0	49.91	39.18	7776	518.4	292.1	12.48	435.8	60.1	2.95
Ⅰ33	330	140	7.0	11.2	13.0	5.0	54.62	42.25	9845	596.6	339.2	13.52	419.4	59.9	2.79
Ⅰ36	360	145	7.5	12.3	14.0	6.0	62.86	48.56	13377	743.2	423.3	14.71	515.8	71.2	2.89
Ⅰ40	400	155	8.0	13.0	15.0	6.0	72.44	56.08	18932	946.6	540.1	16.28	666.3	86.0	3.05
Ⅰ45	450	160	8.6	14.2	16.0	7.0	86.03	65.18	27446	1219.8	699.0	18.18	806.9	100.9	3.12
Ⅰ50	500	170	9.5	15.2	17.0	7.0	97.84	76.81	39295	1571.8	905.0	20.04	1041.8	122.6	3.26
Ⅰ55	550	180	10.3	16.5	18.0	7.0	114.43	89.83	55155	2005.6	1157.7	21.95	1353.0	150.3	3.44
Ⅰ60	600	190	11.1	17.8	20.0	8.0	132.46	103.98	75456	2515.2	1455.0	23.07	1720.1	181.1	3.60
Ⅰ65	650	200	12.0	19.2	22.0	9.0	152.80	119.94	101412	3120.4	1809.4	25.76	2170.1	217.0	3.77
Ⅰ70	700	210	13.0	20.8	24.0	10.0	176.03	138.18	134609	3846.0	2235.1	27.65	2733.3	260.3	3.94
Ⅰ70a	700	210	15.0	24.0	24.0	10.0	201.67	158.31	152706	4363.0	2547.5	27.52	3243.5	308.9	4.01
Ⅰ70b	700	210	17.5	28.2	24.0	10.0	234.14	183.80	175374	5010.7	2941.6	27.37	3914.7	372.8	4.09

注：轻型工字钢的通常长度：Ⅰ10～Ⅰ18，为 5～19m；Ⅰ20～Ⅰ70，为 6～19m。

§2.5.5 轧制 H 型钢及剖分 T 型钢

按照《热轧 H 型钢和剖分 T 型钢》GB/T 11263—1998，热轧 H 型钢分为三类，即宽翼 HW、中翼 HM 和窄翼 HN；剖分 T 型钢也分为三类，即宽翼 TW、中翼 TM 和窄翼 TN。详见图1、图2、表35、表36、表37和表38。

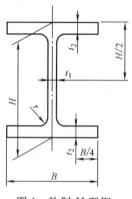

图 1 轧制 H 型钢

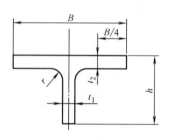

图 2 剖分 T 型钢

宽、中、窄翼缘 H 型钢的截面尺寸、截面面积、理论重量和截面特性　　表 35

类别	型号 (高度×宽度)	截面尺寸(mm)				截面 面积 (cm²)	理论 重量 (kg/m)	截面特性参数					
								惯性矩(cm⁴)		惯性半径(cm)		截面模数(cm³)	
		H×B	t_1	t_2	r			I_x	I_y	i_x	i_y	W_x	W_y
HW	100×100	100×100	6	8	10	21.90	17.2	383	134	4.18	2.47	76.5	26.7
	125×125	125×125	6.5	9	10	30.31	23.8	847	294	5.29	3.11	136	47.0
	150×150	150×150	7	10	13	40.55	31.9	1660	564	6.39	3.73	221	75.1
	175×175	175×175	7.5	11	13	51.43	40.3	2900	984	7.50	4.37	331	112
	200×200	200×200	8	12	16	64.28	50.5	4770	1600	8.61	4.99	477	160
		♯200×204	12	12	16	72.28	56.7	5030	1700	8.35	4.85	503	167
	250×250	250×250	9	14	16	92.18	72.4	10800	3650	10.8	6.29	867	292
		♯250×255	14	14	16	104.7	82.2	11500	3880	10.5	6.09	919	304
	300×300	♯294×302	12	12	20	108.3	85.0	17000	5520	12.5	7.14	1160	365
		300×300	10	15	20	120.4	94.5	20500	6760	13.1	7.49	1370	450
		300×305	15	15	20	135.4	106	21600	7100	12.6	7.24	1440	466
	350×350	♯344×348	10	16	20	146.0	115	33300	11200	5.1	8.78	1940	646
		350×350	12	9	20	173.9	137	40300	13600	15.2	8.84	2300	776
HW	400×400	♯388×402	15	15	24	179.2	141	49200	16300	16.6	9.52	2540	809
		♯394×398	11	18	24	187.6	147	56400	18900	17.3	10.0	2860	951
		400×400	13	21	24	219.5	172	66900	22400	17.5	10.1	3340	1120
		♯400×408	21	21	24	251.5	197	71100	23800	16.8	9.73	3560	1170
		♯414×405	18	28	24	296.2	233	93000	31000	17.7	10.2	4490	1530
		♯428×407	20	35	24	361.4	284	119000	39400	18.2	10.4	5580	1930

续表

类别	型号(高度×宽度)	截面尺寸(mm)				截面面积(cm²)	理论重量(kg/m)	截面特性参数					
								惯性矩(cm⁴)		惯性半径(cm)		截面模数(cm³)	
		$H \times B$	t_1	t_2	r			I_x	I_y	i_x	i_y	W_x	W_y
HW	400×400	*458×417	30	50	24	529.3	415	187000	60500	18.8	10.7	8180	2900
		*498×432	45	70	24	770.8	605	298000	94400	19.7	11.1	12000	4370
HM	150×100	148×100	6	9	13	27.25	21.4	1040	151	6.17	2.35	140	30.2
	200×150	194×150	6	9	16	39.76	31.2	2740	508	8.30	3.57	283	67.7
	250×175	244×175	7	11	16	56.24	44.1	6120	985	10.4	4.18	502	113
	300×200	294×200	8	12	20	73.03	57.3	11400	1600	12.5	4.69	779	160
	350×250	340×250	9	14	20	101.5	79.7	21700	3650	14.6	6.00	1280	292
	400×300	390×300	10	16	24	136.7	107	38900	7210	16.9	7.26	2000	481
	450×300	440×300	11	18	24	157.4	124	56100	8110	18.9	7.18	2550	541
	500×300	482×300	11	15	28	146.4	115	60800	6770	20.4	6.80	2520	451
		488×300	11	18	28	164.4	129	71400	8120	20.8	7.03	2930	541
	600×300	582×300	12	17	28	174.5	137	103000	7670	24.3	6.63	3530	511
		588×300	12	20	28	192.5	151	118000	9020	24.8	6.85	4020	601
		#594×302	14	23	28	222.4	175	137000	10600	24.9	6.90	4620	701
HN	100×50	100×50	5	7	10	12.16	9.54	192	14.9	3.98	1.11	38.5	5.96
	125×60	125×60	6	8	10	17.01	13.3	417	29.3	4.95	1.31	66.8	9.75
	150×75	150×75	5	7	10	18.16	14.3	679	49.6	6.12	1.65	90.6	13.2
	175×90	175×90	5	8	10	23.21	18.2	1220	97.6	7.26	2.05	140	21.7
	200×100	198×99	4.5	7	13	23.59	18.5	1610	114	8.27	2.20	163	23.0
		200×100	5.5	8	13	27.57	21.7	1880	134	8.25	2.21	188	26.8
	250×125	248×124	5	8	13	32.89	25.8	3560	255	10.4	2.78	287	41.1
		250×125	6	9	13	37.87	29.7	4080	294	10.4	2.79	326	47.0
	300×150	298×149	5.5	8	16	41.55	32.6	6460	443	12.4	3.26	433	59.4
		300×150	6.5	9	16	47.53	37.3	7350	508	12.4	3.27	490	67.7
	350×175	346×174	6	9	16	53.19	41.8	11200	792	14.5	3.86	649	91.0
		350×175	7	11	16	63.66	50.0	13700	985	14.7	3.93	782	113
HN	#400×150	#400×150	8	13	16	71.12	55.8	18800	734	16.3	3.21	942	97.9
	400×200	396×199	7	11	16	72.16	56.7	20000	1450	16.7	4.48	1010	145
		400×200	8	13	16	84.12	66.0	23700	1740	16.8	4.54	1190	174
	#450×150	#450×150	9	14	20	83.41	65.5	27100	793	18.0	3.08	1200	106
	450×200	446×199	8	12	20	84.95	66.7	29000	1580	18.5	4.31	1300	159
		450×200	9	14	20	97.41	76.5	33700	1870	18.6	4.38	1500	187
	#500×150	#500×150	10	16	20	98.23	77.1	38500	907	19.8	3.04	1540	121
	500×200	496×199	9	14	20	101.3	79.5	41900	1840	20.3	4.27	1690	185
		500×200	10	16	20	114.2	89.6	47800	2140	20.5	4.33	1910	214
		#506×201	11	19	20	131.3	103	56500	2580	20.8	4.43	2230	257

续表

类别	型号(高度×宽度)	截面尺寸(mm)				截面面积(cm^2)	理论重量(kg/m)	截面特性参数					
								惯性矩(cm^4)		惯性半径(cm)		截面模数(cm^3)	
		$H×B$	t_1	t_2	r			I_x	I_y	i_x	i_y	W_x	W_y
HN	600×200	596×199	10	15	24	121.2	95.1	69300	1980	23.9	4.04	2330	199
		600×200	11	17	24	135.2	106	78200	2280	24.1	4.11	2610	228
		#606×201	12	20	24	153.3	120	91000	2720	24.4	4.21	3000	271
	700×300	#692×300	13	20	28	211.5	166	172000	9020	28.6	6.53	4980	602
HN	700×300	700×300	13	24	28	235.5	185	201000	10800	29.3	6.78	5760	722
	*800×300	*792×300	14	22	28	243.4	191	254000	9930	32.3	6.39	6400	662
		*800×300	14	26	28	267.4	210	292000	11700	33.0	6.62	7290	782
	*900×300	*890×299	15	23	28	270.9	213	345000	10300	35.7	6.16	7760	688
		*900×300	16	28	28	309.8	243	411000	12600	36.4	6.39	9140	843
		*912×302	18	34	28	364.0	286	498000	15700	37.0	6.56	10900	1040

注：1. "#"表示的规格为非常用规格。
2. "*"表示的规格，目前国内尚未生产。
3. 型号属同一范围的产品，其内侧尺寸高度是一致的。
4. 截面面积计算公式为"$t_1(H-2t_2)+2Bt_2+0.858r^2$"。

宽、中、窄翼缘 H 型钢尺寸、外形的允许偏差（mm） 表36

项 目		允许偏差	图 示
高度 H	(型号)高度<400	±2.0	
	400~600	±3.0	
	≥600	±4.0	
宽度 B	(型号)宽度<100	±2.0	
	100~200	±2.5	
	≥200	±3.0	
厚度	t_1	<16	±0.7
		16~25	±1.0
		25~40	±1.5
		≥40	±2.0
	t_2	<16	±1.0
		16~25	±1.5
		25~40	±1.7
		≥40	±2.0
长度	≤7m	+40 0	
	>7m	长度每增加 1m 或不足 1m 时，在上述正偏差基础上加 5mm	

续表

项目		允许偏差	图示
翼缘斜度 T	(型号)高度≤300	T≤1.0%B。但允许偏差的最小值为1.5mm	
	(型号)高度>300	T≤1.2%B。但允许偏差的最小值为1.5mm	
弯曲度	(型号)高度≤300	≤长度的0.15%	适用于上下、左右大弯曲
	(型号)高度>300	≤长度的0.10%	
中心偏差 S	(型号)高度≤300 且(型号)高度≤200	±2.5	$S=\dfrac{b_1-b_2}{2}$
	(型号)高度>300 或(型号)高度>200	±3.5	
腹板弯曲度 W	(型号)高度<400	≤2.0	
	400～600	≤2.5	
	≥600	≤3.0	
端面斜度 e		e≤1.6%(H 或 B) 但允许偏差的最小值为3.0mm	

剖分 T 型钢的截面尺寸、截面面积、理论重量和截面特性　　表37

类别	型号(高度×宽度)	截面尺寸(mm)					截面面积(cm²)	理论重量(kg/m)	截面特性参数							对应H型钢系列型号
									惯性矩(cm⁴)		惯性半径(cm)		截面模数(cm³)		重心(cm)	
		h	B	t_1	t_2	r			I_x	I_y	i_x	i_y	W_x	W_y	C_x	
TW	50×100	50	100	6	8	10	10.95	8.56	16.1	66.9	1.21	2.47	4.03	13.4	1.00	100×100
	62.5×125	62.5	125	6.5	9	10	15.16	11.9	85.0	147	1.52	3.11	6.91	23.5	1.19	125×125
	75×150	75	150	7	10	13	20.28	15.9	66.4	282	1.81	3.73	10.8	37.6	1.37	150×150
	87.5×175	87.5	175	7.5	11	13	25.71	20.2	115	492	2.11	4.37	15.9	56.2	1.55	175×175
	100×200	100	200	8	12	16	32.14	25.2	185	801	2.40	4.99	22.3	80.1	1.73	200×200
		♯100	204	12	12	16	36.14	28.3	256	851	2.66	4.85	32.4	83.5	2.09	
	125×250	125	250	9	14	16	46.09	36.2	412	1820	2.99	6.29	39.5	146	2.08	250×250
		♯125	255	14	14	16	52.34	41.1	589	1940	3.36	6.09	59.4	152	2.58	
	150×300	♯147	302	12	12	20	54.16	42.5	858	2760	3.98	7.14	72.3	183	2.83	300×300
		150	300	10	15	20	60.22	47.3	798	3380	3.64	7.49	63.7	225	2.47	
		150	305	15	15	20	67.72	53.1	1110	3550	4.05	7.24	92.5	233	3.02	
	175×350	♯172	348	10	16	20	73.00	57.3	1230	5620	4.11	8.78	84.7	323	2.67	350×350
		175	350	12	19	20	86.94	68.2	1520	6790	4.18	8.84	104	388	2.86	
	200×400	♯194	402	15	15	24	89.62	70.3	2480	8130	5.26	9.52	158	405	3.69	400×400
		♯197	398	11	18	24	93.80	73.6	2050	9460	4.67	10.0	123	476	3.01	
		200	400	13	21	24	109.7	86.1	2480	11200	4.75	10.1	147	560	3.21	
		♯200	408	21	21	24	125.7	98.7	3650	11900	5.39	9.73	229	584	4.07	

续表

类别	型号(高度×宽度)	截面尺寸(mm)					截面面积(cm²)	理论重量(kg/m)	截面特性参数							对应H型钢系列型号
									惯性矩(cm⁴)		惯性半径(cm)		截面模数(cm³)		重心(cm)	
		h	B	t_1	t_2	r			I_x	I_y	i_x	i_y	W_x	W_y	C_x	
TW	200×400	#207	405	18	28	24	148.1	116	3620	15500	4.95	10.2	213	766	3.68	400×400
		#214	407	20	35	24	180.7	142	4380	19700	4.92	10.4	250	967	3.90	
TM	74×100	74	100	6	9	13	13.63	10.7	51.7	75.4	1.95	2.35	8.80	15.1	1.55	150×100
	97×150	97	150	6	9	16	19.88	15.6	125	254	2.50	3.57	15.8	33.9	1.78	200×150
	122×175	122	175	7	11	16	28.12	22.1	289	492	3.20	4.18	29.1	56.3	2.27	250×175
	147×200	147	200	8	12	20	36.52	28.7	572	802	3.96	4.69	48.2	80.2	2.82	300×200
	170×250	170	250	9	14	20	50.76	39.9	1020	1830	4.48	6.00	73.1	146	3.09	350×250
	200×300	195	300	10	16	24	68.37	53.7	1730	3600	5.03	7.26	108	240	3.40	400×300
	220×300	220	300	11	18	24	78.69	61.8	2680	4060	5.84	7.18	150	270	4.05	450×300
	250×300	241	300	11	15	28	73.23	57.5	3420	3380	6.83	6.80	178	226	4.90	500×300
		244	300	11	18	28	82.23	64.5	3620	4060	6.64	7.03	184	271	4.65	
	300×300	291	300	12	17	28	87.25	68.5	6360	3830	8.54	6.63	280	256	6.39	600×300
		294	300	12	20	28	96.25	75.5	6710	4510	8.35	6.85	288	301	6.08	
		#297	302	14	23	28	111.2	87.3	7920	5290	8.44	6.90	339	351	6.33	

剖分T型钢的尺寸、外形允许偏差（mm） 表38

项目		允许偏差	图示
高度 h	(型号)高度<200	+4.0 −6.0	
	200~300	+5.0 −7.0	
	≥300	+6.0 −8.0	
翼缘翘曲 e	连接部位	e≤B/200 且 e≤1.5	
	一般部位 B≤150	e≤2.0	
	B>150	e≤B/150	

注：其他部位的允许偏差，按对应规格的H型钢部位的允许偏差。

§2.5.6 高频焊接型钢（表39）

普通高频焊接薄壁H型钢的型号及截面特性 表39

序号	截面尺寸(mm)				A cm²	理论重量 kg/m	x−x			y−y		
	H	B	t_w	t_f			I_x cm⁴	W_x cm³	i_x cm	I_y cm⁴	W_y cm³	i_y cm
1	100	50	2.3	3.2	5.35	4.20	90.71	18.14	4.12	6.68	2.67	1.12
2			3.2	4.5	7.41	5.82	122.77	24.55	4.07	9.40	3.76	1.13
3		100	4.5	6.0	15.96	12.53	291.00	58.20	4.27	100.07	20.01	2.50
4			6.0	8.0	21.04	16.52	369.05	73.81	4.19	133.48	26.70	2.52

续表

序号	截面尺寸(mm)				A cm²	理论重量 kg/m	$x-x$			$y-y$		
	H	B	t_w	t_f			I_x cm⁴	W_x cm³	i_x cm	I_y cm⁴	W_y cm³	i_y cm
**5	120	120	3.2	4.5	14.35	11.27	396.84	66.14	5.26	129.63	21.61	3.01
6			4.5	6.0	19.26	15.12	515.53	85.92	5.17	172.88	28.81	3.00
7	150	75	3.2	4.5	11.26	8.84	432.11	57.62	6.19	31.68	8.45	1.68
8			4.5	6.0	15.21	11.94	565.38	75.38	6.10	42.29	11.28	1.67
9		100	3.2	4.5	13.51	10.61	551.24	73.50	6.39	75.04	15.01	2.36
10			4.5	6.0	18.21	14.29	720.99	96.13	6.29	100.10	20.02	2.34
11		150	4.5	6.0	24.21	19.00	1032.21	137.63	6.53	337.60	45.01	3.73
12			6.0	8.0	32.04	25.15	1331.43	177.52	6.45	450.24	60.03	3.75
*13	200	100	3.0	3.0	11.82	9.28	764.71	76.47	8.04	50.04	10.01	2.06
14			3.2	4.5	15.11	11.86	1045.92	104.59	8.32	75.05	15.01	2.23
15			4.5	6.0	20.46	16.06	1378.62	137.86	8.21	100.14	20.03	2.21
16			6.0	8.0	27.04	21.23	1786.89	178.69	8.13	133.66	26.73	2.22
*17		150	3.2	4.5	19.61	15.40	1475.97	147.60	8.68	253.18	33.76	3.59
18			4.5	6.0	26.46	20.77	1943.34	194.33	8.57	337.64	45.02	3.57
19			6.0	8.0	35.04	27.51	2524.60	252.46	8.49	450.33	60.04	3.58
20		200	6.0	8.0	43.04	33.79	3262.30	326.23	8.71	1067.00	106.70	4.98
*21	250	125	3.0	3.0	14.82	11.63	1507.14	120.57	10.08	97.71	15.63	2.57
**22			3.2	4.5	18.96	14.89	2068.56	165.48	10.44	146.55	23.45	2.78
23			4.5	6.0	25.71	20.18	2738.60	219.09	10.32	195.49	31.28	2.76
24			4.5	8.0	30.53	23.97	3409.75	272.78	10.57	260.59	41.70	2.92
25			6.0	8.0	34.04	26.72	3569.91	285.59	10.24	260.84	41.73	2.77
*26		150	3.2	4.5	21.21	16.65	2407.62	192.61	10.65	253.19	33.76	3.45
27			4.5	6.0	28.71	22.54	3185.21	254.82	10.53	337.68	45.02	3.43
28			4.5	8.0	34.53	27.11	3995.60	319.65	10.76	450.18	60.02	3.61
29			6.0	8.0	38.04	29.86	4155.77	332.46	10.45	450.42	60.06	3.44
30		200	6.0	8.0	46.04	36.14	5327.47	426.20	10.76	1067.09	106.71	4.81
*31	300	150	3.2	4.5	22.81	17.91	3604.41	240.29	12.57	253.20	33.76	3.33
32			4.5	6.0	30.96	24.30	4785.96	319.06	12.43	337.72	45.03	3.30
33			4.5	8.0	36.78	28.87	5976.11	398.41	12.75	450.22	60.03	3.50
34			6.0	8.0	41.04	32.22	6262.44	417.50	12.35	450.51	60.07	3.31
35		200	6.0	8.0	49.04	38.50	7968.14	531.21	12.75	1067.18	106.72	4.66
*36	350	150	3.2	4.5	24.41	19.16	5086.36	290.65	14.43	253.22	33.76	3.22
37			4.5	6.0	33.21	26.07	6773.70	387.07	14.28	337.76	45.03	3.19
38			6.0	8.0	44.04	34.57	8882.11	507.55	14.20	450.60	60.08	3.20
39		175	4.5	6.0	36.21	28.42	7661.31	437.79	14.55	536.19	61.28	3.85
40			4.5	8.0	43.03	33.78	9586.21	547.78	14.93	714.84	81.70	4.08
41			6.0	8.0	48.04	37.71	10051.96	574.40	14.47	715.18	81.74	3.86
42		200	6.0	8.0	52.04	40.85	11221.81	641.25	14.68	1067.27	106.73	4.53
43	400	150	4.5	8.0	41.28	32.40	11344.49	567.22	16.58	450.29	60.04	3.30
44		200	6.0	8.0	55.04	43.21	15125.98	756.30	16.58	1067.36	106.74	4.40
45			4.5	9.0	53.19	41.75	15852.08	792.60	17.26	1200.29	120.03	4.75

注：1. 带"*"的规格翼缘宽度不符合 GBJ 17 或 CECS 102 的要求，应根据 GBJ 17 或 CECS 102，按翼缘有效宽度计算。

2. 当钢材采用 Q345 或更高级别的钢种时，带"**"的规格翼缘宽度不符合 GBJ 17 或 CECS 102 的要求，应根据 GBJ 17 或 CECS 102，按翼缘有效宽度计算。

§2.5.7 无缝钢管（表40）

结构用无缝钢管的规格及截面特性（按 GB/T 8162—87） 表40

I—截面惯性矩；
W—截面抵抗矩；
i—截面回转半径

尺寸(mm)		截面面积 $A(cm^2)$	重量 (kg/m)	截面特性			尺寸(mm)		截面面积 $A(cm^2)$	重量 (kg/m)	截面特性		
d	t			I (cm^4)	W (cm^3)	i (cm)	d	t			I (cm^4)	W (cm^3)	i (cm)
32	2.5	2.32	1.82	2.54	1.59	1.05	60	3.0	5.37	4.22	21.88	7.29	2.02
	3.0	2.73	2.15	2.90	1.82	1.03		3.5	6.21	4.88	24.88	8.29	2.00
	3.5	3.13	2.46	3.23	2.02	1.02		4.0	7.04	5.52	27.73	9.24	1.98
	4.0	3.52	2.76	3.52	2.20	1.00		4.5	7.85	6.16	30.41	10.14	1.97
38	2.5	2.79	2.19	4.41	2.32	1.26		5.0	8.64	6.78	32.94	10.98	1.95
	3.0	3.30	2.59	5.09	2.68	1.24		5.5	9.42	7.39	35.32	11.77	1.94
	3.5	3.79	2.98	5.70	3.00	1.23		6.0	10.18	7.99	37.56	12.52	1.92
	4.0	4.27	3.35	6.26	3.29	1.21	63.5	3.0	5.70	4.48	26.15	8.24	2.14
42	2.5	3.10	2.44	6.07	2.89	1.40		3.5	6.60	5.18	29.79	9.38	2.12
	3.0	3.68	2.89	7.03	3.35	1.38		4.0	7.48	5.87	33.24	10.47	2.11
	3.5	4.23	3.32	7.91	3.77	1.37		4.5	8.34	6.55	36.50	11.50	2.09
	4.0	4.78	3.75	8.71	4.15	1.35		5.0	9.19	7.21	39.60	12.47	2.08
45	2.5	3.34	2.62	7.56	3.36	1.51		5.5	10.02	7.87	42.52	13.39	2.06
	3.0	3.96	3.11	8.77	3.90	1.49		6.0	10.84	8.51	45.28	14.26	2.04
	3.5	4.56	3.58	9.89	4.40	1.47	68	3.0	6.13	4.81	32.42	9.54	2.30
	4.0	5.15	4.04	10.93	4.86	1.46		3.5	7.09	5.57	36.99	10.88	2.28
50	2.5	3.73	2.93	10.55	4.22	1.68		4.0	8.04	6.31	41.34	12.16	2.27
	3.0	4.43	3.48	12.28	4.91	1.67		4.5	8.98	7.05	45.47	13.37	2.25
	3.5	5.11	4.01	13.90	4.56	1.65		5.0	9.90	7.77	49.41	14.53	2.23
	4.0	5.78	4.54	15.41	6.16	1.63		5.5	10.80	8.48	53.14	15.63	2.22
	4.5	6.43	5.05	16.81	6.72	1.62		6.0	11.69	9.17	56.68	16.67	2.20
	5.0	7.07	5.55	18.11	7.25	1.60	70	3.0	6.31	4.96	35.50	10.14	2.37
54	3.0	4.81	3.77	15.68	5.81	1.81		3.5	7.31	5.74	40.53	11.58	2.35
	3.5	5.55	4.36	17.79	6.59	1.79		4.0	8.29	6.51	45.33	12.95	2.34
	4.0	6.28	4.93	19.76	7.32	1.77		4.5	9.26	7.27	49.89	14.26	2.32
	4.5	7.00	5.49	21.61	8.00	1.76		5.0	10.21	8.01	54.24	15.50	2.30
	5.0	7.70	6.04	23.34	8.64	1.74		5.5	11.14	8.75	58.38	16.68	2.29
	5.5	8.38	6.58	24.96	9.24	1.73		6.0	12.06	9.47	62.31	17.80	2.27
	6.0	9.05	7.10	26.46	9.80	1.71	73	3.0	6.60	5.18	40.48	11.09	2.48
57	3.0	5.09	4.00	18.61	6.53	1.91		3.5	7.64	6.00	46.26	12.67	2.46
	3.5	5.88	4.62	21.14	7.42	1.90		4.0	8.67	6.81	51.78	14.19	2.44
	4.0	6.66	5.23	23.52	8.25	1.88		4.5	9.68	7.60	57.04	15.63	2.43
	4.5	7.42	5.83	25.76	9.04	1.86		5.0	10.68	8.38	62.07	17.01	2.41
	5.0	8.17	6.41	27.86	9.78	1.85		5.5	11.66	9.16	66.87	18.32	2.39
	5.5	8.90	6.99	29.84	10.47	1.83		6.0	12.63	9.91	71.43	19.57	2.38
	6.0	9.61	7.55	31.69	11.12	1.82							

续表

尺寸(mm)		截面面积 A(cm²)	重量 (kg/m)	截面特性			尺寸(mm)		截面面积 A(cm²)	重量 (kg/m)	截面特性		
d	t			I (cm⁴)	W (cm³)	i (cm)	d	t			I (cm⁴)	W (cm³)	i (cm)
76	3.0	6.88	5.40	45.91	12.08	2.58	114	4.0	13.82	10.85	209.35	36.73	3.89
	3.5	7.97	6.26	52.50	13.82	2.57		4.5	15.48	12.15	232.41	40.77	3.87
	4.0	9.05	7.10	58.81	15.48	2.55		5.0	17.12	13.44	254.81	44.70	3.86
	4.5	10.11	7.93	64.85	17.07	2.53		5.5	18.75	14.72	276.58	48.52	3.84
	5.0	11.15	8.75	70.62	18.59	2.52		6.0	20.36	15.98	297.73	52.23	3.82
	5.5	12.18	9.56	76.14	20.04	2.50		6.5	21.95	17.23	318.26	55.84	3.81
	6.0	13.19	10.36	81.41	21.42	2.48		7.0	23.53	18.47	338.19	59.33	3.79
83	3.5	8.74	6.86	69.19	16.67	2.81		7.5	25.09	19.70	357.58	62.73	3.77
	4.0	9.93	7.79	77.64	18.71	2.80		8.0	26.64	20.91	376.30	66.02	3.76
	4.5	11.10	8.71	85.76	20.67	2.78	121	4.0	14.70	11.54	251.87	41.63	4.14
	5.0	12.25	9.62	93.56	22.54	2.76		4.5	16.47	12.93	279.83	46.25	4.12
	5.5	13.39	10.51	101.04	24.35	2.75		5.0	18.22	14.30	307.05	50.75	4.11
	6.0	14.51	11.39	108.22	26.08	2.73		5.5	19.96	15.67	333.54	55.13	4.09
	6.5	15.62	12.26	115.10	27.74	2.71		6.0	21.68	17.02	359.32	59.39	4.07
	7.0	16.71	13.12	121.69	29.32	2.70		6.5	23.38	18.35	384.40	63.54	4.05
89	3.5	9.40	7.38	86.05	19.34	3.03		7.0	25.07	19.68	408.80	67.57	4.04
	4.0	10.68	8.38	96.68	21.73	3.01		7.5	26.74	20.99	432.51	71.49	4.02
	4.5	1.95	9.38	106.92	24.03	2.99		8.0	28.40	22.29	455.57	75.30	4.01
	5.0	13.19	10.36	116.79	26.24	2.98	127	4.0	15.46	12.13	292.61	46.08	4.35
	5.5	14.43	11.33	126.29	28.38	2.96		4.5	17.32	13.59	325.29	51.23	4.33
	6.0	15.75	12.28	135.43	30.43	2.94		5.0	19.16	15.04	357.14	56.24	4.32
	6.5	16.85	13.22	144.22	32.41	2.93		5.5	20.99	16.48	388.19	61.13	4.30
	7.0	18.03	14.16	152.67	34.31	2.91		6.0	22.81	17.90	418.44	65.90	4.28
95	3.5	10.06	7.90	105.45	22.20	3.24		6.5	24.61	19.32	447.92	70.54	4.27
	4.0	11.44	8.98	118.60	24.97	3.22		7.0	26.39	20.72	476.63	75.06	4.25
	4.5	12.79	10.04	131.31	27.64	3.20		7.5	28.16	22.10	504.58	79.46	4.23
	5.0	14.14	11.10	143.58	30.23	3.19		8.0	29.91	23.48	531.80	83.75	4.22
	5.5	15.46	12.14	155.43	32.72	3.17	133	4.0	16.21	12.73	337.53	50.76	4.56
	6.0	16.78	13.17	166.86	35.13	3.15		4.5	18.17	14.26	375.42	56.45	4.55
	6.5	18.07	14.19	177.89	37.45	3.14		5.0	20.11	15.78	412.40	62.02	4.53
	7.0	19.35	15.19	188.51	39.69	3.12		5.5	22.03	17.29	448.50	67.44	4.51
102	3.5	10.83	8.50	131.52	25.79	3.48		6.0	23.94	18.79	483.72	72.74	4.50
	4.0	12.32	9.67	148.09	29.04	3.47		6.5	25.83	20.28	518.07	77.91	4.48
	4.5	13.78	10.82	164.14	32.18	3.45		7.0	27.71	21.75	551.58	82.94	4.46
	5.0	15.24	11.96	179.68	35.23	3.43		7.5	29.57	23.21	584.25	87.86	4.45
	5.5	16.67	13.09	194.72	38.18	3.42		8.0	31.42	24.66	616.11	92.65	4.43
	6.0	18.10	14.21	209.28	41.03	3.40	140	4.5	19.16	15.04	440.12	62.87	4.79
	6.5	19.50	15.31	223.35	43.79	3.38		5.0	21.21	16.65	483.76	69.11	4.78
	7.0	20.89	16.40	236.96	46.46	3.37		5.5	23.24	18.24	526.40	75.20	4.76
108	4.0	13.06	10.26	177.00	32.78	3.68		6.0	25.26	19.83	568.06	81.15	4.74
	4.5	14.62	11.49	196.35	36.36	3.66		6.5	27.26	21.40	608.76	86.97	4.73
	5.0	16.17	12.70	215.12	39.84	3.65		7.0	29.25	22.96	648.51	92.64	4.71
	5.5	17.70	13.90	233.32	43.21	3.63		7.5	31.22	24.51	687.32	98.19	4.69
	6.0	19.22	15.09	250.97	46.48	3.61		8.0	33.18	26.04	725.21	103.60	4.68
	6.5	20.72	16.27	268.08	49.64	3.60		9.0	37.04	29.08	798.29	114.04	4.64
	7.0	22.20	17.44	284.65	52.71	3.58		10	40.84	32.06	867.86	123.98	4.61
	7.5	23.67	18.59	300.71	55.69	3.56							
	8.0	25.12	19.73	316.25	58.57	3.55							

续表

尺寸(mm)		截面面积 A(cm²)	重量 (kg/m)	截面特性			尺寸(mm)		截面面积 A(cm²)	重量 (kg/m)	截面特性		
d	t			I (cm⁴)	W (cm³)	i (cm)	d	t			I (cm⁴)	W (cm³)	i (cm)
146	4.5	20.00	15.70	501.16	68.65	5.01	194	5.0	29.69	23.31	1326.54	136.76	6.68
	5.0	22.15	17.39	551.10	75.49	4.99		5.5	32.57	25.57	1447.86	149.26	6.67
	5.5	24.28	19.06	599.95	82.19	4.97		6.0	35.44	27.82	1567.21	161.57	6.65
	6.0	26.39	20.72	647.73	88.73	4.95		6.5	38.29	30.06	1684.61	173.67	6.63
	6.5	28.49	22.36	694.44	95.13	4.94		7.0	41.12	32.28	1800.08	185.57	6.62
	7.0	30.57	24.00	740.12	101.39	4.92		7.5	43.94	34.50	1913.64	197.28	6.60
	7.5	32.63	25.62	784.77	107.50	4.90		8.0	46.75	36.70	2025.31	208.79	6.58
	8.0	34.68	27.23	828.41	113.48	4.89		9.0	52.31	41.06	2243.08	231.25	6.55
	9.0	38.74	30.41	912.71	125.03	4.85		10	57.81	45.38	2453.55	252.94	6.51
	10	42.73	33.54	993.16	136.05	4.82		12	68.61	53.86	2853.25	294.15	6.45
152	4.5	20.85	16.37	567.61	74.69	5.22	203	6.0	37.13	29.15	1803.07	177.64	6.97
	5.0	23.09	18.13	624.43	82.16	5.20		6.5	40.13	31.50	1938.81	191.02	6.95
	5.5	25.31	19.87	680.06	89.48	5.18		7.0	43.10	33.84	2072.43	204.18	6.93
	6.0	27.52	21.60	734.52	96.65	5.17		7.5	46.06	36.16	2203.94	217.14	6.92
	6.5	29.71	23.32	787.82	103.66	5.15		8.0	49.01	38.47	2333.37	229.89	6.90
	7.0	31.89	25.03	839.99	110.52	5.13		9.0	54.85	43.06	2586.08	254.79	6.87
	7.5	34.05	26.73	891.03	117.24	5.12		10	60.63	47.60	2830.72	278.89	6.83
	8.0	36.19	28.41	940.97	123.81	5.10		12	72.01	56.52	3296.49	324.78	6.77
	9.0	40.43	31.74	1037.59	136.53	5.07		14	83.13	65.25	3732.07	367.69	6.70
	10	44.61	35.02	1129.99	148.68	5.03		16	94.00	73.79	4138.78	407.76	6.64
159	4.5	21.84	17.15	652.27	82.05	5.46	219	6.0	40.15	31.52	2278.74	208.10	7.53
	5.0	24.19	18.99	717.88	90.30	5.45		6.5	43.39	34.06	2451.64	223.89	7.52
	5.5	26.52	20.82	782.18	98.39	5.43		7.0	46.62	36.60	2622.04	239.46	7.50
	6.0	28.84	22.64	845.19	106.31	5.41		7.5	49.83	39.12	2789.96	254.79	7.48
	6.5	31.14	24.45	906.92	114.08	5.40		8.0	53.03	41.63	2955.43	269.90	7.47
	7.0	33.43	26.24	967.41	121.69	5.38		9.0	59.38	46.61	3279.12	299.46	7.43
	7.5	35.70	28.02	1026.65	129.14	5.36		10	65.66	51.54	3593.29	328.15	7.40
	8.0	37.95	29.79	1084.67	136.44	5.35		12	78.04	61.26	4193.81	383.00	7.33
	9.0	42.41	33.29	1197.12	150.58	5.31		14	90.16	70.78	4758.50	434.57	7.26
	10	46.81	36.75	1304.88	164.14	5.28		16	102.04	80.10	5288.81	483.00	7.20
168	4.5	23.11	18.14	772.96	92.02	5.78	245	6.5	48.70	38.23	3465.46	282.89	8.44
	5.0	25.60	20.10	851.14	101.33	5.77		7.0	52.34	41.08	3709.06	302.78	8.42
	5.5	28.08	22.04	927.85	110.46	5.75		7.5	55.96	43.93	3949.52	322.41	8.40
	6.0	30.54	23.97	1003.12	119.42	5.73		8.0	59.56	46.76	4186.87	341.79	8.38
	6.5	32.98	25.89	1076.95	128.21	5.71		9.0	66.73	52.38	4652.32	379.78	8.35
	7.0	35.41	27.79	1149.36	136.83	5.70		10	73.83	57.95	5105.63	416.79	8.32
	7.5	37.82	29.69	1220.38	145.28	5.68		12	87.84	68.95	5976.67	487.89	8.25
	8.0	40.21	31.57	1290.01	153.57	5.66		14	101.60	79.76	6801.68	555.24	8.18
	9.0	44.96	35.29	1425.22	169.67	5.63		16	115.11	90.36	7582.30	618.96	8.12
	10	49.64	38.97	1555.13	185.13	5.60							
180	5.0	27.49	21.58	1053.17	117.02	6.19	273	6.5	54.42	42.72	4834.18	354.15	9.42
	5.5	30.15	23.67	1148.79	127.64	6.17		7.0	58.50	45.92	5177.30	379.29	9.41
	6.0	32.80	25.75	1242.72	138.08	6.16		7.5	62.56	49.11	5516.47	404.14	9.39
	6.5	35.43	27.81	1335.00	148.33	6.14		8.0	66.60	52.28	5851.71	428.70	9.37
	7.0	38.04	29.87	1425.63	158.40	6.12		9.0	74.64	58.60	6510.56	476.96	9.34
	7.5	40.64	31.91	1514.64	168.29	6.10		10	82.62	64.86	7154.09	524.11	9.31
	8.0	43.23	33.93	1602.04	178.00	6.09		12	98.39	77.24	8396.14	615.10	9.24
	9.0	48.35	37.95	1772.12	196.90	6.05		14	114.91	89.42	9579.75	701.84	9.17
	10	53.41	41.92	1936.01	215.11	6.02		16	129.18	101.41	10706.79	784.38	9.10
	12	63.33	49.72	2245.84	249.54	5.95							

续表

尺寸(mm)		截面面积 $A(\text{cm}^2)$	重量 (kg/m)	截面特性			尺寸(mm)		截面面积 $A(\text{cm}^2)$	重量 (kg/m)	截面特性		
d	t			I (cm^4)	W (cm^3)	i (cm)	d	t			I (cm^4)	W (cm^3)	i (cm)
299	7.5	68.68	53.92	7300.02	488.30	10.31	450	9	124.63	97.88	30332.67	1348.12	15.60
	8.0	73.14	57.41	7747.42	518.22	10.29		10	138.61	108.51	33477.56	1487.89	15.56
	9.0	82.00	64.37	8628.09	577.13	10.26		11	151.63	119.09	36578.87	1625.73	15.53
	10	90.79	71.27	9490.15	634.79	10.22		12	165.04	129.62	39637.01	1761.65	15.49
	12	108.20	84.93	11159.52	746.46	10.16		13	178.38	140.10	42652.38	1895.66	15.46
	14	125.35	98.40	12757.61	853.35	10.09		14	191.67	150.53	45625.38	2027.79	15.42
	16	142.25	111.67	14286.48	955.62	10.02		15	204.89	160.92	48556.41	2158.06	15.39
								16	218.04	171.25	51445.87	2286.48	15.35
325	7.5	74.81	58.73	9431.80	580.42	11.23	465	9	128.87	101.21	33533.41	1442.30	16.13
	8.0	79.67	62.54	10013.92	616.24	11.21		10	142.87	112.46	37018.21	1592.18	16.09
	9.0	89.35	70.14	11161.33	686.85	11.18		11	156.81	123.16	40456.34	1740.06	16.06
	10	98.96	77.68	12286.52	756.09	11.14		12	170.69	134.06	43848.22	1885.94	16.02
	12	118.00	92.63	14471.45	890.55	11.07		13	184.51	144.81	47194.27	2029.86	15.99
	14	136.78	107.38	16570.98	1019.75	11.01		14	198.26	155.71	50494.89	2171.82	15.95
	16	155.32	121.93	18587.38	1143.84	10.94		15	211.95	166.47	53750.51	2311.85	15.92
								16	225.58	173.22	56961.53	2449.96	15.88
351	8.0	86.21	67.67	12684.36	722.76	12.13	480	9	133.11	104.54	36951.77	1539.66	16.66
	9.0	96.70	75.91	14147.55	806.13	12.10		10	147.58	115.91	40800.14	1700.01	16.62
	10	107.13	84.10	15584.62	888.01	12.06		11	161.99	127.23	44598.63	1858.28	16.59
	12	127.80	100.32	18381.63	1047.39	11.99		12	176.34	138.50	48347.69	2014.49	16.55
	14	148.22	116.35	21077.86	1201.02	11.93		13	190.63	149.08	52047.74	2168.66	15.52
	16	168.39	132.19	23675.75	1349.05	11.86		14	204.85	160.20	55699.21	2320.80	16.48
								15	219.02	172.01	59302.54	2470.94	16.44
								16	233.11	183.08	62858.14	2619.09	16.41
377	9	104.00	81.68	17628.57	935.20	13.02	500	9	138.76	108.98	41860.49	1674.42	17.36
	10	115.24	90.51	19430.86	1030.81	12.98		10	153.86	120.84	46231.77	1849.27	17.33
	11	126.42	99.29	21203.11	1124.83	12.95		11	168.90	132.65	50548.75	2021.95	17.29
	12	137.53	108.02	22945.66	1217.28	12.81		12	183.88	144.42	54811.88	2192.48	17.26
	13	148.59	116.70	24658.84	1308.16	12.88		13	198.79	156.13	59021.61	2360.86	17.22
	14	159.58	125.33	26342.98	1397.51	12.84		14	213.65	167.80	63178.39	2527.14	17.19
	15	170.50	133.91	27998.42	1485.33	12.81		15	228.44	179.41	67282.66	2691.31	17.15
	16	181.37	142.45	29625.48	1571.64	12.78		16	243.16	190.98	71334.87	2853.39	17.12
402	9	111.06	87.23	21469.37	1068.13	13.90	530	9	147.23	115.64	50009.99	1887.17	18.42
	10	123.09	96.67	23676.21	1177.92	13.86		10	163.28	128.24	55251.25	2084.95	18.39
	11	135.05	106.07	25848.66	1286.00	13.83		11	179.26	140.79	60431.21	2280.42	18.35
	12	146.95	115.42	27987.08	1392.39	13.80		12	195.18	153.30	65550.35	2473.60	18.32
	13	158.79	124.71	30091.82	1497.11	13.76		13	211.04	165.75	70609.15	2664.50	18.28
	14	170.56	133.96	32163.24	1600.16	13.73		14	226.83	178.15	75608.08	2853.14	18.25
	15	182.28	143.16	34201.69	1701.58	13.69		15	242.57	190.51	80547.62	3039.53	18.22
	16	193.93	152.31	36207.53	1801.37	13.66		16	258.23	202.82	85428.24	3223.71	18.18
426	9	117.84	93.00	25646.28	1204.05	14.75	550	9	152.89	120.08	55992.00	2036.07	19.13
	10	130.62	102.59	28294.52	1328.38	14.71		10	169.56	133.17	61873.07	2249.93	19.10
	11	143.34	112.58	30903.91	1450.89	14.68		11	186.17	146.22	67687.94	2461.38	19.06
	12	156.00	122.52	33474.84	1571.59	14.64		12	202.72	159.22	73437.11	2670.44	19.03
	13	168.59	132.41	36007.67	1690.50	14.60		13	219.20	172.16	79121.07	2877.13	18.99
	14	181.12	142.25	38502.80	1807.64	14.47		14	235.63	185.06	84740.31	3081.47	18.96
	15	193.58	152.04	40960.60	1923.03	14.54		15	251.99	197.91	90295.34	3283.47	18.92
	16	205.98	161.78	43381.44	2036.69	14.51		16	268.28	210.71	95786.64	3483.15	18.89

续表

尺寸(mm)		截面面积 $A(cm^2)$	重量 (kg/m)	截面特性			尺寸(mm)		截面面积 $A(cm^2)$	重量 (kg/m)	截面特性		
d	t			I (cm⁴)	W (cm³)	i (cm)	d	t			I (cm⁴)	W (cm³)	i (cm)
560	9	155.71	122.30	59154.07	2112.65	19.48	600	13	239.61	188.19	103333.73	3444.46	20.76
	10	172.70	135.64	65373.70	2334.78	19.45		14	257.61	202.32	110723.59	3690.79	20.72
	11	189.62	148.93	71524.61	2554.45	19.41		15	275.54	216.41	118036.75	3934.55	20.69
	12	206.49	162.17	77607.30	2771.69	19.38		16	293.40	230.44	125272.54	4175.75	20.66
	13	223.29	175.37	83622.29	2986.51	19.34	630	9	175.50	137.83	84679.83	2688.25	21.96
	14	240.02	188.51	89570.06	3198.93	19.31		10	194.68	152.90	93639.59	2972.69	21.92
	15	256.70	201.61	95451.14	3408.97	19.28		11	213.80	167.92	102511.65	3254.34	21.89
	16	273.31	214.65	101266.01	3616.64	19.24		12	232.86	182.89	111296.59	3533.23	21.85
600	9	167.02	131.17	72992.31	2433.08	20.90		13	251.86	197.81	119994.98	3809.36	21.82
	10	185.26	145.50	80696.05	2689.87	20.86		14	270.79	212.68	128607.39	4082.77	21.78
	11	203.44	159.78	88320.50	2944.02	20.83		15	289.67	227.50	137134.39	4353.47	21.75
	12	221.56	174.01	95866.21	3195.54	20.79		16	308.47	242.27	145576.54	4621.48	21.72

§2.5.8 焊接钢管

(1) 直缝管(表41)。

焊接钢管(直缝管)的规格及截面特性(按 GB/T 13793—92)　　　表41

I—截面惯性矩;
W—截面抵抗矩;
i—截面回转半径

尺寸(mm)		截面面积 $A(cm^2)$	重量 (kg/m)	截面特性			尺寸(mm)		截面面积 $A(cm^2)$	重量 (kg/m)	截面特性		
d	t			I (cm⁴)	W (cm³)	i (cm)	d	t			I (cm⁴)	W (cm³)	i (cm)
32	2.0	1.88	1.48	2.13	1.33	1.06	57	2.0	3.46	2.71	13.08	4.59	1.95
	2.5	2.32	1.82	2.54	1.59	1.05		2.5	4.28	3.36	15.93	5.59	1.93
38	2.0	2.26	1.78	3.68	1.93	1.27		3.0	5.09	4.00	18.61	6.53	1.91
	2.5	2.79	2.19	4.41	2.32	1.26		3.5	5.88	4.62	21.14	7.42	1.90
40	2.0	2.39	1.87	4.32	2.16	1.35	60	2.0	3.64	2.86	15.34	5.11	2.05
	2.5	2.95	2.31	5.20	2.60	1.33		2.5	4.52	3.55	18.70	6.23	2.03
42	2.0	2.51	1.97	5.04	2.40	1.42		3.0	5.37	4.22	21.88	7.29	2.02
	2.5	3.10	2.44	6.07	2.89	1.40		3.5	6.21	4.88	24.88	8.29	2.00
45	2.0	2.70	2.12	6.26	2.78	1.52	63.5	2.0	3.86	2.03	18.29	5.76	2.18
	2.5	3.34	2.62	7.56	3.36	1.51		2.5	4.79	3.76	22.32	7.03	2.16
	3.0	3.96	3.11	8.77	3.90	1.49		3.0	5.70	4.48	26.15	8.24	2.14
51	2.0	3.08	2.42	9.26	3.63	1.73		3.5	6.60	5.18	29.79	9.38	2.12
	2.5	3.81	2.99	11.23	4.40	1.72	70	2.0	4.27	3.35	24.22	7.06	2.41
	3.0	4.52	3.55	13.08	5.13	1.70		2.5	5.30	4.16	30.23	8.64	2.39
	3.5	5.22	4.10	14.81	5.81	1.68		3.0	6.31	4.96	35.50	10.14	2.37
53	2.0	3.20	2.52	10.43	3.94	1.80		3.5	7.31	5.48	40.53	11.58	2.35
	2.5	3.97	3.11	12.67	4.78	1.79		4.5	9.26	7.18	49.89	14.26	2.32
	3.0	4.71	3.70	14.78	5.58	1.77							
	3.5	5.44	4.27	16.75	6.32	1.75							

续表

尺寸(mm)		截面面积 $A(cm^2)$	重量 (kg/m)	截面特性			尺寸(mm)		截面面积 $A(cm^2)$	重量 (kg/m)	截面特性		
d	t			I (cm^4)	W (cm^3)	i (cm)	d	t			I (cm^4)	W (cm^3)	i (cm)
76	2.0	4.65	3.65	31.85	8.38	2.62	103	3.0	9.90	7.77	136.39	25.28	3.71
	2.5	5.77	4.53	39.03	10.27	2.60		3.5	11.49	9.02	157.02	29.08	3.70
	3.0	6.88	5.40	45.91	12.08	2.58		4.0	13.07	10.26	176.95	32.77	3.68
	3.5	7.97	6.26	52.50	13.82	2.57	114	3.0	10.46	8.21	161.24	28.29	3.93
	4.0	9.05	7.10	58.81	15.48	2.55		3.5	12.15	9.54	185.63	32.57	3.91
	4.6	10.11	7.93	64.85	17.07	2.53		4.0	13.82	10.85	209.35	36.73	3.89
83	2.0	5.09	4.00	41.76	10.06	2.86		4.5	15.48	12.15	232.41	40.77	3.87
	2.5	6.32	4.96	51.26	12.35	2.85		5.0	17.12	13.44	254.81	44.70	3.86
	3.0	7.54	5.92	60.40	14.56	2.83	121	3.0	11.12	8.73	193.69	32.01	4.17
	3.5	8.74	6.86	69.19	16.67	2.81		3.5	12.92	10.14	223.17	36.89	4.16
	4.0	9.93	7.79	77.64	18.71	2.80		4.0	14.70	11.54	251.87	41.63	4.14
	4.5	11.10	8.71	85.76	20.67	2.78	127	3.0	11.69	9.17	224.75	35.39	4.39
89	2.0	5.47	4.29	51.75	11.63	3.08		3.5	13.58	10.66	259.11	40.80	4.37
	2.5	6.79	5.33	63.59	14.29	3.06		4.0	15.46	12.13	292.61	46.08	4.35
	3.0	8.11	6.36	75.02	16.86	3.04		4.5	17.32	13.59	325.29	51.23	4.33
	3.5	9.40	7.38	86.05	19.34	3.03		5.0	19.16	15.04	357.14	56.24	4.32
	4.0	10.68	8.38	96.68	21.73	3.01	133	3.5	14.24	11.18	298.71	44.92	4.58
	4.5	11.95	9.38	106.92	24.03	2.99		4.0	16.21	12.73	337.53	50.76	4.56
95	2.0	5.84	4.59	63.20	13.31	3.29		4.5	18.17	14.26	375.42	56.45	4.55
	2.5	7.26	5.70	77.76	16.37	3.27		5.0	20.11	15.78	412.40	62.02	4.53
	3.0	8.67	6.81	91.83	19.33	3.25	140	3.5	15.01	11.78	349.79	49.97	4.83
	3.5	10.06	7.90	105.45	22.20	3.24		4.0	17.09	13.42	395.47	56.50	4.81
102	2.0	6.28	4.93	78.57	15.41	3.54		4.5	19.16	15.04	440.12	62.87	4.79
	2.5	7.81	6.13	96.77	18.97	3.52		5.0	21.21	16.65	483.76	69.11	4.78
	3.0	9.33	7.32	114.42	22.43	3.50		5.5	23.24	18.24	526.40	75.20	4.76
	3.5	10.83	8.50	131.52	25.79	3.48	152	3.5	16.33	12.82	450.35	59.26	5.25
	4.0	12.32	9.67	148.09	29.04	3.47		4.0	18.60	14.60	509.59	67.05	5.23
	4.5	13.78	10.82	164.14	32.18	3.45		4.5	20.85	16.37	567.61	74.69	5.22
	5.0	15.24	11.96	179.68	35.23	3.43		5.0	23.09	18.13	624.43	82.16	5.20
								5.5	25.31	19.87	680.06	89.48	5.18

（2）螺旋管（表42）。

螺旋焊钢管的规格及截面特性 表42

I—截面惯性矩；
W—截面抵抗矩；
i—截面回转半径

尺寸(mm)		截面面积 (cm^2)	重量 (kg/m)	截 面 特 性			生产厂家 （参考）
d	t			$I(cm^4)$	$W(cm^3)$	$i(cm)$	
219.1	5	33.61	26.61	1988.54	176.04	7.57	
	6	40.15	31.78	2822.53	208.36	7.54	
	7	46.62	36.91	2266.42	239.75	7.50	
	8	53.03	41.98	2900.39	283.16	7.49	宝鸡石油钢管厂
244.5	5	37.60	29.77	2699.28	220.80	8.47	
	6	44.93	35.57	3199.36	261.71	8.44	
	7	52.20	41.33	3686.70	301.57	8.40	
	8	59.41	47.03	4611.52	340.41	8.37	

续表

尺寸(mm)		截面面积 (cm²)	重量 (kg/m)	截面特性			生产厂家 (参考)
d	t			I(cm⁴)	W(cm³)	i(cm)	
273	6	50.30	39.82	4888.24	328.81	9.44	宝鸡石油钢管厂
	7	58.47	46.29	5178.63	379.39	9.41	
	8	66.57	52.70	5853.22	428.81	8.37	
323.9	6	59.89	47.41	7574.41	467.70	11.24	
	7	69.65	55.14	8754.84	540.59	11.21	
	8	79.35	62.82	9912.63	612.08	11.17	
325	6	60.10	47.70	7653.29	470.97	11.28	
	7	69.90	55.40	8846.29	544.39	11.25	
	8	79.63	63.04	10016.50	616.40	11.21	
355.6	6	65.87	52.23	10073.14	566.54	12.36	宝鸡石油钢管厂 沙市钢管厂
	7	76.62	60.68	11652.71	655.38	12.33	
	8	87.32	69.08	13204.77	742.68	12.25	
377	6	69.90	55.40	11079.13	587.75	13.12	
	7	81.33	64.37	13932.53	739.13	13.08	
	8	92.69	73.30	15795.91	837.98	13.05	
	9	104.00	82.18	17628.57	935.20	13.02	
406.4	6	75.44	59.75	15132.21	744.70	14.16	
	7	87.79	69.45	17523.75	862.39	14.12	
	8	100.09	79.10	19879.00	978.30	14.09	
	9	112.31	88.70	22198.33	1092.44	14.05	
	10	124.47	98.26	24482.10	1204.83	14.02	
426	6	79.13	62.65	17464.62	819.94	14.85	
	7	92.10	72.83	20231.72	949.85	14.82	
	8	105.00	82.97	22958.81	1077.88	14.78	
	9	117.84	93.05	25646.28	1206.05	14.75	
	10	130.62	103.09	28294.52	1328.38	14.71	
457	6	84.97	67.23	21623.66	946.33	15.95	宝鸡石油钢管厂 沙市钢管厂
	7	98.91	78.13	25061.79	1096.80	15.91	
	8	112.79	89.08	28453.67	1245.24	15.88	
	9	126.60	99.94	31799.72	1391.67	15.84	
	10	140.36	110.74	35100.34	1536.12	15.81	
	11	154.05	121.49	38355.96	1678.60	15.77	
	12	167.68	132.19	41566.98	1819.12	15.74	
478	6	88.93	70.34	24786.71	1037.10	16.69	
	7	103.53	81.81	28736.12	1202.35	16.65	
	8	118.06	93.23	32634.79	1365.47	16.62	
	9	132.54	104.60	36483.16	1526.49	16.58	
	10	146.95	115.92	40281.65	1685.43	16.55	
	11	161.30	127.19	44030.71	1842.29	16.52	
	12	175.59	138.41	47730.76	1997.10	16.48	
508	6	94.58	74.78	29819.20	1173.98	17.75	
	7	110.12	86.99	34583.38	1361.55	17.72	
	8	125.6	99.15	39290.06	1546.85	17.67	
	9	141.02	111.25	43939.68	1729.91	17.65	
	10	156.37	123.31	48532.72	1910.74	17.61	
	11	171.66	135.32	53069.63	2089.36	17.58	
	12	186.89	147.29	57550.87	2265.78	17.54	

续表

尺寸(mm)		截面面积 (cm²)	重量 (kg/m)	截面特性			生产厂家 (参考)
d	t			I(cm⁴)	W(cm³)	i(cm)	
529	6	98.53	77.89	33719.80	1274.85	18.49	沙市钢管厂
	7	114.74	90.61	39116.42	1478.88	18.46	
	8	130.88	103.29	44450.54	1680.55	18.42	
	9	146.95	115.92	49722.63	1879.87	18.39	
	10	162.97	128.49	54933.18	2076.87	18.35	
	11	178.92	141.02	60082.67	2271.56	18.32	
	12	194.81	153.50	65171.58	2463.95	18.28	
	13	210.63	165.93	70200.39	2654.08	18.25	
559.0	6	104.19	82.33	39861.10	1426.16	19.55	
	7	121.33	95.79	46254.78	1654.91	19.52	
	8	138.41	109.21	52578.45	1881.16	19.48	
	9	155.43	122.57	58832.64	2104.92	19.45	
	10	172.39	135.89	65017.85	2326.22	19.41	
	11	189.28	149.16	71134.58	2545.07	19.39	
	12	206.11	162.38	77183.36	2761.48	19.34	
	13	222.88	175.55	83164.67	2975.48	19.31	
610.0	6	113.79	89.87	51936.94	1702.85	21.36	
	7	132.54	104.60	60294.82	1976.88	21.32	
	8	151.22	119.27	68568.97	2248.16	21.29	
	9	169.84	133.89	76759.97	2516.72	21.25	
	10	188.40	148.47	84868.37	2782.57	21.22	
	11	206.89	162.99	92894.73	3045.73	21.18	
	12	225.33	177.47	100839.60	3306.22	21.15	
	13	243.70	191.90	108703.55	3564.05	21.11	宝鸡石油钢管厂 沙市钢管厂
630.0	6	117.56	92.83	57268.61	1818.05	22.06	
	7	136.94	108.05	66494.92	2110.95	22.03	
	8	156.25	123.22	75631.80	2401.01	21.99	
	9	175.50	138.33	84679.83	2688.25	21.96	
	10	194.68	153.40	93639.59	2972.69	21.93	
	11	213.80	168.42	102511.65	3254.34	21.89	
	12	232.86	183.39	111296.59	3533.23	21.85	
	13	251.86	198.31	119994.98	3809.36	21.82	
660.0	6	123.21	97.27	65931.44	1997.92	23.12	
	7	143.53	113.23	76570.06	2320.31	23.09	
	8	163.78	129.13	87110.33	2639.71	23.05	
	9	183.97	144.99	97552.85	2956.15	23.02	
	10	204.1	160.80	107898.23	3269.64	22.98	
	11	224.16	176.56	118147.08	3580.21	22.95	
	12	244.17	192.27	128300.00	3887.88	22.91	
	13	264.11	207.93	138357.58	4192.65	22.88	

续表

尺寸(mm)		截面面积 (cm²)	重量 (kg/m)	截面特性			生产厂家（参考）
d	t			I(cm⁴)	W(cm³)	i(cm)	
711.0	6	132.82	104.82	82588.87	2323.18	24.93	
	7	154.74	122.03	95946.79	2698.93	24.89	
	8	176.59	139.20	109190.20	3071.45	24.86	
	9	198.39	156.31	122319.78	3440.78	24.82	
	10	220.11	173.38	135336.18	3806.93	24.79	
	11	241.78	190.39	148240.04	4169.90	24.75	
	12	263.38	207.36	161032.02	4529.73	24.72	
	13	284.92	224.28	173712.76	4886.44	24.68	
720.0	6	134.52	106.15	85792.25	2383.12	25.25	
	7	156.72	123.59	99673.56	2768.71	25.21	
	8	177.85	140.97	113437.40	3151.04	25.17	
	9	200.93	158.31	127084.44	3530.12	25.14	
	10	222.94	175.60	140615.33	3965.98	25.11	
	11	244.89	192.84	154030.74	4278.63	25.07	
	12	266.77	210.02	167331.32	4648.09	25.04	
	13	288.60	227.16	180517.74	5014.38	25.00	
762.0	7	165.95	130.84	118344.40	3106.15	26.69	宝鸡石油钢管厂 沙市钢管厂
	8	189.40	149.26	134717.42	3535.90	26.66	
	9	212.80	167.63	150959.68	3962.20	26.62	
	10	236.13	185.95	167071.28	4385.07	26.59	
	11	259.40	204.23	183053.12	4804.54	26.55	
	12	282.60	222.45	198905.91	5220.63	26.52	
	13	305.74	240.63	214630.33	5633.34	26.49	
	14	328.82	258.76	230227.09	6042.71	26.45	
813.0	7	177.16	139.64	143981.73	3541.99	28.50	
	8	202.22	159.32	163942.66	4033.03	28.46	
	9	227.21	178.95	183753.89	4520.39	28.43	
	10	252.41	198.53	203416.16	5004.09	28.39	
	11	277.01	218.06	222930.23	5484.14	28.36	
	12	301.82	237.55	242296.83	5960.56	28.32	
	13	326.56	256.98	261516.72	6433.38	28.29	
	14	351.24	276.36	280590.63	6902.60	28.25	
820.0	7	178.70	140.85	147765.60	3604.04	28.74	
	8	203.97	160.70	168256.44	4103.82	28.71	
	9	229.19	180.50	188594.94	4599.88	28.68	
	10	254.34	200.26	208781.84	5092.24	28.64	
	11	279.43	219.96	228817.91	5580.93	28.60	
	12	304.45	239.62	248703.90	6065.95	28.57	
	13	329.42	259.22	268440.55	6547.33	28.53	
	14	354.32	278.78	288028.62	7025.09	28.50	
	15	379.16	298.29	307468.86	7499.24	28.47	
	16	413.93	317.75	326766.02	7969.81	28.43	

续表

尺寸(mm)		截面面积 (cm²)	重量 (kg/m)	截 面 特 性			生产厂家 (参考)
d	t			I(cm⁴)	W(cm³)	i(cm)	
914.0	8	227.59	179.25	233711.41	5114.04	32.03	
	9	255.75	201.37	262061.17	5734.38	32.00	
	10	283.86	223.44	290221.72	6350.58	31.96	
	11	311.90	245.46	318193.90	6962.67	31.93	
	12	339.87	267.44	345978.57	7570.65	31.89	
	13	367.79	289.36	373576.55	8174.54	31.86	
	14	395.64	311.23	400988.69	8774.37	31.82	
	15	423.43	333.06	428215.82	9370.15	31.79	
	16	451.16	354.84	455258.77	9961.90	31.75	
920.0	8	229.09	180.44	238385.26	5182.29	32.25	
	9	257.45	202.70	267307.72	5811.04	32.21	
	10	285.74	224.92	296038.43	6435.62	32.17	
	11	313.97	247.06	324578.25	7056.05	32.14	宝鸡石油钢管厂
	12	342.13	269.21	352928.00	7672.35	32.11	沙市钢管厂
	13	370.24	291.28	381088.55	8284.53	32.07	
	14	398.28	313.31	409060.74	8892.62	32.04	
	15	426.26	335.23	436845.40	9496.64	32.00	
	16	454.17	357.20	464443.38	10096.60	31.97	
1020.0	8	254.21	200.16	325709.29	6386.46	35.78	
	9	285.71	229.89	365343.91	7163.61	35.75	
	10	317.14	249.58	404741.91	7936.12	35.71	
	11	348.51	274.22	443904.22	8704.00	35.68	
	12	379.81	298.81	482831.80	9467.29	35.64	
	13	411.06	323.34	521525.58	10225.99	35.61	
	14	442.24	347.83	559986.50	10980.13	35.57	
	15	473.36	372.27	598215.50	11729.72	35.53	
	16	504.41	396.66	636213.50	12474.77	35.50	
1120.0	8	279.33	219.89	432113.97	7716.32	39.32	
	9	313.97	247.09	484824.62	8657.58	39.28	
	10	348.54	274.24	537249.06	9593.73	39.25	
	11	383.05	301.35	589388.32	10524.79	39.21	
	12	417.49	328.40	641243.45	11450.78	39.18	
	13	451.88	355.40	692815.48	12371.71	39.14	
	14	486.20	382.36	744105.44	13287.60	39.11	
	15	520.46	409.26	795114.35	14198.47	39.07	
	16	554.65	436.12	845843.26	15104.34	39.04	
1220.0	10	379.94	298.90	695916.69	11408.47	42.78	
	11	417.59	328.47	763623.03	12518.41	42.75	
	12	455.17	357.99	830991.12	13622.81	42.71	沙市钢管厂
	13	492.70	387.46	898022.09	14721.67	42.68	
	14	530.16	416.88	964717.06	15815.03	42.64	
	15	567.56	446.26	1031077.17	16902.90	42.61	
	16	604.89	475.57	1097103.53	17985.30	42.57	
1420.0	10	442.74	348.23	1001160.59	15509.30	49.85	
	11	486.67	382.73	1208714.17	17024.14	49.82	
	12	530.53	417.18	1315807.13	18532.49	49.78	
	13	574.34	451.58	1422440.79	20034.38	49.75	
	14	618.08	485.94	1528616.74	21529.81	49.71	
	15	661.76	520.24	1634335.48	23018.81	49.68	
	16	705.37	554.50	1739599.14	24501.40	49.64	

§2.5.9 冷弯型钢

冷弯型钢是用薄钢板或带钢在连续辊式冷弯机组上生产的冷加工型材，常用的有四种。

（1）方形空心型钢（表43）。

冷弯方形空心型钢　　　　　　　　　　　表43

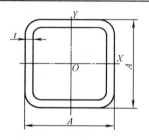

A—边长；
t—厚度。
规格范围：
$A \times A \times t = 20 \times 20 \times 2.0 \sim 280 \times 280 \times 12.5$
执行标准：GB 6728，DIN 59411

部分常用规格断面参数

边长 $A \times A$	壁厚 t(mm)	理论重量 （kg/m）	截面面积 （cm²）	惯性矩 （cm⁴）	截面模数 （cm³）	回转半径 （cm）
20×20	2.0	1.05	1.34	0.69	0.69	0.72
30×30	3.0	2.361	3.008	3.5	2.333	1.078
40×40	4.0	4.198	5.347	11.064	5.532	1.438
50×50	4.0	5.454	6.947	23.725	9.49	1.847
60×60	4.0	6.71	8.55	43.6	14.5	2.26
70×70	4.0	7.97	10.1	72.1	20.6	2.67
80×80	4.0	9.22	11.8	111	27.8	3.07
90×90	4.0	10.5	13.4	162	36.0	3.48
100×100	4.0	11.7	14.95	226	45.3	3.89
120×120	6.0	20.749	26.432	562.094	93.683	4.611
125×125	6.0	21.7	27.63	641	103	4.82
140×140	10.0	37.5	47.7	1268	181	5.15
150×150	6.0	26.4	33.63	1150	153	5.84
160×160	10	43.7	55.7	1990	249	5.97
180×180	8.0	41.5	52.8	2546	283	6.94
200×200	8.0	46.5	59.2	3567	357	7.75
220×220	10.0	62.6	79.7	5675	516	8.43
250×250	10.0	72.0	91.7	8568	685	9.67
260×260	10.0	75.1	95.7	9715	747	10.1
280×280	12.5	99.7	127	14690	1049	10.8

（2）矩形空心型钢（表44）。

冷弯矩形空心型钢　　　　　　　　　　表44

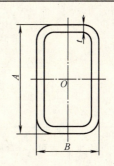

A—长边；
B—短边；
t—壁厚。
规格范围：
$A×B×t=40×20×2.0\sim360×200×12.5$
执行标准：DIN 59411 GB 6728

部分常用规格断面参数

尺寸			理论重量（kg/m）	截面面积（cm²）	惯性矩(cm⁴)		截面模数(cm³)		回转半径(cm)	
A	B	t			l_x	l_y	z_x	z_y	i_x	i_y
40	20	2.0	1.68	2.14	4.05	1.34	2.03	1.34	1.38	0.79
50	30	3.0	3.303	4.208	12.827	5.696	5.13	3.797	1.745	1.163
60	40	3.0	4.245	5.408	25.374	13.436	8.458	6.718	6.166	1.576
80	40	3.0	5.187	6.608	52.246	17.552	13.061	8.776	2.811	1.629
90	60	4.0	8.594	10.947	117.499	62.387	26.111	20.795	3.276	2.387
100	60	4.0	9.22	11.8	153	68.7	30.5	22.9	3.60	2.42
110	70	5.0	12.7	16.1	251	124	45.6	35.5	3.94	2.77
120	80	4.0	11.7	15.0	295	157	49.1	39.3	4.44	3.24
140	80	4.0	13.0	16.6	430	180	61.4	45.1	5.09	3.30
160	80	6.0	20.75	26.432	835.936	280.8	104.49	70.2	5.62	3.26
180	100	6.0	24.5	31.2	1309.5	523.8	145.5	104.8	6.48	4.1
200	100	8.0	34.0	43.2	2091	705	209	141	6.95	4.04
200	150	6.0	31.1	39.63	2270	1460	227	194	7.56	6.06
220	140	8.0	41.5	52.8	3389	1685	308	241	8.01	5.65
250	150	8.0	46.5	59.2	4886	2219	391	296	9.08	6.12
260	180	8.0	51.5	65.6	6145	3493	473	388	9.68	7.30
300	200	10.0	72.0	91.7	11110	5969	741	591	11.0	8.07
320	200	10.0	75.1	95.7	13020	6330	814	633	11.7	8.13
350	150	12.0	86.8	110.5	16100	4210	921	562	12.1	6.17
360	200	12.5	99.7	127	20780	8380	1154	838	12.8	8.12

（3）C 形型钢（内卷边槽钢，表 45）。

冷弯内卷边槽钢的尺寸、截面面积、理论重量及截面特性 表 45

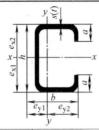

I—惯性矩；
W—截面模数；
i—回转半径

尺寸 (mm)				面积 (cm²)	重量 (kg/m)	型钢重心 (cm)		断面参数					
								$x-x$			$y-y$		
								(cm⁴)	(cm³)	(cm)	(cm⁴)	(cm³)	(cm)
h	b	a	$s(t)$	F	M	e_{y1}	e_{x1}	I_x	W_x	i_x	I_y	W_y	i_y
40	40	9	2.5	2.960	2.323	1.651	2.0	7.753	3.876	1.618	5.679	2.418	1.385
60	30	10	2.5	3.010	2.363	1.043	3.0	16.009	5.336	2.306	3.353	1.713	1.055
60	30	10	3.0	3.495	2.743	1.036	3.0	18.077	6.025	2.274	3.688	1.878	1.021
60	30	15	2.5	3.260	2.559	1.183	3.0	16.780	5.593	2.268	4.129	2.273	1.125
60	30	15	3.0	3.795	2.979	1.179	3.0	19.002	6.334	2.237	4.599	2.527	1.100
80	40	15	2.5	4.260	3.344	1.449	4.0	41.379	10.349	3.117	9.236	3.657	1.479
80	40	15	3.0	4.995	3.921	1.444	4.0	47.579	11.894	3.086	10.342	4.125	1.452
80	50	25	2.5	5.260	4.129	2.161	4.0	50.950	12.737	3.112	20.178	7.108	1.958
80	50	25	3.0	6.195	4.863	2.158	4.0	58.927	14.731	3.084	23.175	8.156	1.934
100	50	20	2.5	5.510	4.325	1.853	5.0	84.932	16.986	3.925	19.889	6.321	1.899
100	50	20	3.0	6.495	5.098	1.848	5.0	98.560	19.712	3.895	22.802	7.235	1.873
100	60	20	2.5	6.010	4.718	2.282	5.0	96.818	19.363	4.013	30.790	8.282	2.263
100	60	20	3.0	7.095	5.569	2.276	5.0	112.678	22.535	3.985	35.480	9.530	2.236
120	50	20	2.5	6.010	4.718	1.709	6.0	130.706	21.784	4.663	21.261	6.461	1.880
120	50	20	3.0	7.095	5.569	1.705	6.0	152.109	25.351	4.630	24.391	7.402	1.854
120	60	20	2.5	6.510	5.110	2.116	6.0	147.967	24.661	4.767	32.941	8.483	2.249
120	60	20	3.0	7.695	6.040	2.111	6.0	172.647	28.774	4.736	37.987	9.768	2.221
140	50	20	2.5	6.510	5.110	1.588	7.0	188.502	26.928	5.380	22.423	6.572	1.855
140	50	20	3.0	7.695	6.040	1.583	7.0	219.848	31.406	5.345	25.733	7.532	1.828
140	60	20	2.5	7.010	5.503	1.974	7.0	212.137	30.305	5.500	34.786	8.642	2.227
140	60	20	3.0	8.295	6.511	1.969	7.0	248.006	35.429	5.467	40.132	9.956	2.199
160	60	20	3.0	8.895	6.982	1.846	8.0	339.955	42.494	6.182	41.989	10.109	2.172
160	70	20	3.0	9.495	7.453	2.229	8.0	376.933	47.116	6.300	61.266	12.843	2.540
180	60	20	3.0	9.495	7.453	1.739	9.0	449.695	49.966	6.881	43.611	10.235	2.143
180	70	20	3.0	10.095	7.924	2.106	9.0	496.693	55.188	7.014	63.712	13.019	2.512
200	60	20	3.0	10.095	7.924	1.644	10.0	578.425	57.842	7.569	45.041	10.342	2.112
200	70	20	3.0	10.695	8.395	1.996	10.0	636.643	63.644	7.715	65.883	13.167	2.481
250	40	15	3.0	10.095	7.924	0.790	12.50	773.495	61.879	8.753	14.809	4.614	1.211
300	40	15	3.0	11.595	9.102	0.707	15.0	1231.616	81.107	10.306	15.356	4.664	1.150
400	50	15	3.0	15.195	11.928	0.783	20.0	2837.843	141.892	13.666	28.888	6.851	1.378

(4) Z 型钢（卷边 Z 型钢，表 46）。

冷弯卷边 Z 型钢的尺寸、截面面积、理论重量及截面特性　　　　　　表 46

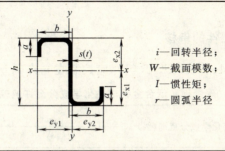

i—回转半径；
W—截面模数；
I—惯性矩；
r—圆弧半径

尺　　　寸				面积	重量	型钢重心		断　面　参　数					
								$x-x$			$y-y$		
(mm)				(cm²)	(kg/m)	(cm)		(cm⁴)	(cm³)	(cm)	(cm⁴)	(cm³)	(cm)
h	b	a	$s(t)$	F	M	e_{y1}	e_{x1}	I_x	i_x	W_x	I_y	W_y	i_y
70	40	40	2.5	5.261	4.13	3.875	3.5	31.517	9.005	2.448	34.393	8.875	2.557
70	50	20	2.5	4.761	3.737	4.875	3.5	36.631	10.466	2.774	36.355	7.457	2.763
70	50	20	3	5.595	4.392	4.85	3.5	42.233	12.067	2.747	41.548	8.566	2.725
80	50	25	2.5	5.261	4.13	4.875	4	50.96	12.74	3.112	41.999	8.615	2.825
80	50	25	3	6.195	4.863	4.85	4	58.943	14.736	3.085	48.18	9.934	2.789
90	40	20	2	3.887	3.051	3.9	4.5	47.126	10.472	3.482	17.204	4.411	2.104
90	40	20	2.5	4.761	3.737	3.875	4.5	56.679	12.595	3.45	20.328	5.246	2.066
100	45	20	2	4.287	3.365	4.4	5	65.428	13.086	3.907	23.259	5.286	2.329
100	45	20	2.5	5.261	4.13	4.375	5	79.002	15.8	3.875	27.608	6.31	2.291
110	45	20	2	4.487	3.522	4.4	5.5	82	14.909	4.275	23.26	5.286	2.277
110	45	20	2.5	5.511	4.326	4.375	5.5	99.169	18.031	4.242	27.61	6.311	2.238
120	45	20	2	4.687	3.679	4.4	6	100.816	16.803	4.638	23.26	5.286	2.228
120	45	20	2.5	5.761	4.522	4.375	6	122.091	20.349	4.604	27.611	6.311	2.189
130	50	20	2	5.087	3.993	4.9	6.5	130.168	20.026	5.058	30.517	6.228	2.449
130	50	20	2.5	6.261	4.915	4.875	6.5	158.055	24.316	5.024	36.363	7.459	2.41
140	50	20	2.5	5.287	4.15	4.9	7	155.101	22.157	5.416	30.517	6.228	2.403
140	50	20	2	6.511	5.111	4.875	7	188.52	26.931	5.381	36.364	7.459	2.363
150	50	20	2.5	5.487	4.307	4.9	7.5	182.677	24.357	5.77	30.518	6.228	2.358
150	50	20	2	6.761	5.307	4.875	7.5	222.239	29.632	5.737	36.366	7.46	2.319
160	50	20	2.5	5.687	4.464	4.9	8	212.996	26.625	6.12	30.519	6.228	2.317
160	50	20	2	7.011	5.504	4.875	8	259.338	32.417	6.028	36.367	7.46	2.278
170	60	20	2.5	6.287	4.935	5.9	8.5	274.384	32.28	6.606	49.036	8.311	2.793
170	60	20	2	7.761	6.092	5.875	8.5	335.016	39.414	6.57	58.784	10.006	2.752
170	60	20	2.5	9.195	7.218	5.85	8.5	392.563	46.184	6.534	67.606	11.557	2.712
180	60	20	2	6.487	5.092	5.9	9	313.951	34.883	6.975	49.036	8.311	2.749
180	60	20	2.5	8.011	6.289	5.875	9	383.564	42.618	6.92	58.785	10.006	2.709
180	60	20	3	9.495	7.454	5.85	9	449.734	49.97	6.882	67.609	11.557	2.668
190	60	20	2.5	6.687	5.249	5.9	9.5	356.77	37.554	7.304	49.037	8.311	2.708
190	60	20	3	8.261	6.485	5.875	9.5	436.117	45.907	7.266	58.787	10.006	2.668
190	60	20	2	9.795	7.689	5.85	9.5	511.652	53.858	7.227	67.611	11.557	2.627
200	60	20	2.5	6.887	5.406	5.9	10	402.913	40.291	7.649	49.038	8.312	2.668
200	60	20	3	8.510	6.681	5.875	10	492.8	49.28	7.609	56.788	10.006	2.628
200	60	20	2	10.095	7.925	5.85	10	578.468	57.847	7.57	67.613	11.558	2.588
215	75	20	2.5	9.635	7.564	7.375	10.75	670.514	62.373	8.342	106.574	14.451	2.326
215	75	20	3	11.445	8.984	7.35	10.75	789.334	73.426	8.305	123.386	16.787	3.283

§2.6 质量控制手段

§2.6.1 质量合格证明文件的审核

（1）化学成分（C、Mn、Si、S、P 等）应控制在允许偏差范围内（表47）。

碳素钢和低合金钢成品化学成分允许偏差 表 47

元 素	规定化学成分范围(%)	允 许 偏 差(%)	
		上偏差	下偏差
C		0.03* 0.02*	0.02
Mn	≤0.80 >0.80	0.05 0.10	0.03 0.08
Si	≤0.35 >0.35	0.03 0.05	0.03 0.05
S	≤0.050	0.005	
P	≤0.050 0.05~0.15	0.005 0.01	0.01
V	≤0.20	0.02	0.01
Ti	≤0.20	0.02	0.02
Nb	0.015~0.050	0.005	0.005
Cu	≤0.40	0.05	0.05
Pb	0.15~0.35	0.03	0.03

注：*0.03 适用碳素结构钢，0.02 适用于低合金高强度钢。

（2）力学性能（σ_b、σ_s、δ、A_{kV}、α 等）应控制在规定数值内。

§2.6.2 外表质量的检查

（1）一般要求。钢板的常见缺陷已列于§2.4，钢材的缺陷也大致如此。依据《热轧钢板表面质量的一般要求》GB/T 14977—94，必须严格控制这些缺陷，也应参考此标准控制钢材的缺陷。具体地说，应该：

a）在清除缺陷附近的氧化铁皮后，再测量缺陷的深度和大小。
b）如缺陷是孤立的、点状的，可在其外接圆之外再扩大 50mm，做个圆，把这个圆的面积当作该缺陷的影响面积（图3）。
c）如缺陷是聚集的、不连续的一群，可在其外接矩形或方形之外再扩大 50mm，作个矩形（图4）或方形（图5），作为此种缺陷的影响面积。若此种缺陷靠近边缘，则以所作矩形或方形在板材内的面积为准。
d）A、B、C、D、E 五级检测缺陷的深度：
- A 级不允许缺陷。所有缺陷都要修补。
- B 级允许的缺陷深度列于表48，但不考虑其数量。

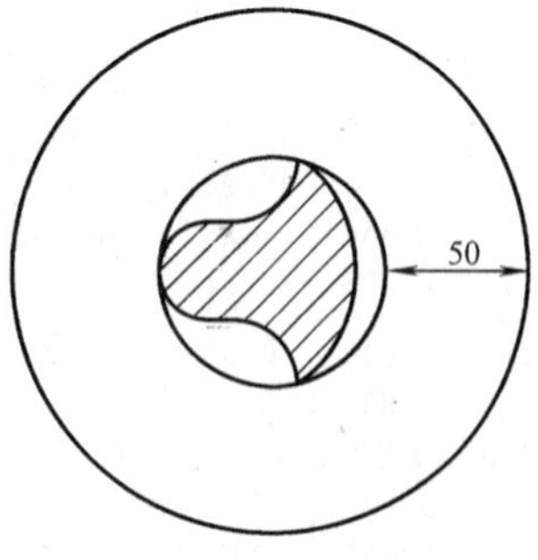

图 3 孤立的点状不连续影响面积

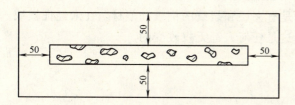

图 4 聚集的不连续影响面积

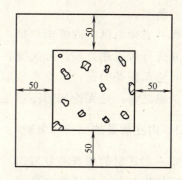

图 5 点状不连续影响面积

B 级缺陷的深度限度 表 48

钢板公称厚度(mm)	缺陷最大允许深度(mm)	钢板公称厚度(mm)	缺陷最大允许深度(mm)
5	0.2	40~80	0.5
7~25	0.3	≥80	0.6
25~40	0.4		

• C 级允许的缺陷深度列于表 49，且总的影响面积不得大于检验面积的 5%，但缺陷不要修补。

C 级和 D 级缺陷的深度限度 表 49

钢板公称厚度(mm)	缺陷最大允许深度(mm)	钢板公称厚度(mm)	缺陷最大允许深度(mm)
5	0.4	40~80	0.8
7~25	0.5	≥80	0.9
25~40	0.6		

• D 级允许的缺陷深度同表 49，且总的影响面积不得大于检验面积的 5%，但缺陷要修补。

• E 级的缺陷超过表 49 最大允许深度，需要修补。

（2）影响面积总和超过检测面积的 15% 的 B 级缺陷要修补，影响面积总和超过检测面积的 2% 的 C 级缺陷要修补。

（3）缺陷的修补方法：

• 修磨：所有 A、D、E 级缺陷，以及超标的 B、C 级缺陷应局部地或整个表面修磨干净，修磨面应光滑地过渡到板材表面，其宽深比不小于 6∶1。

• $t<7.5mm$ 的，修磨后的厚度不得比最小允许厚度小 3mm。

• $t=7.5\sim15mm$ 的，修磨后的厚度不得比最小允许厚度小 0.4mm。

• $t\geq15mm$ 的，修磨后的厚度不得比公称厚度小 7%。在任何情况下，修磨后的厚度应不得比公称厚度小 3mm。

• 单个修磨面积应不大于 0.25m²。

• 一面面积不小于 12m² 的钢板，修磨面积应不超过一面面积的 5%；一面面积不小于 12m² 的钢板，修磨面积应不超过一面面积的 2%。

• 两个修磨面之间的距离应不大于它们的平均宽度。

• 如不能修磨，那么经业主、质检部门或监理单位同意，可以先铲凿，再修磨，再焊补，最后磨平。

• 焊补必须由供应商提出申请，绘图说明修补部位，编制修补工艺，焊后必须经无损检测，并进行焊后热处理。此类资料均需归入技术档案保存备查。

（4）必须强调的是：所有有缺陷，特别是有夹层和裂纹的钢板和型材，在未经证实缺陷已经消除之前，是无论如何不能使用的。这是任何人都无权改变的。

§2.6.3 内在质量的抽查和复验

（1）一般板材的抽查和复验。

在审核板材的质量证明文件时，往往会发现板材的化学成分和力学性能有不符合要求的情况。这时必须考虑对板材取样复验。如复验的结果仍不合格，则应退货，或根据具体情况分析后降级处理。只有设计单位有权表示：板材的化学成分和力学性能虽然有些不符合要求，但仍可在本工程上使用。

（2）厚度方向性能钢板的特殊复验要求：

a）Z15级的钢板，可根据用户要求逐张或按批抽查复验。（根据现实情况，强调逐张复验很有必要。）一批是指由用同一炉罐号、同一热处理制度的钢坯轧制而成的钢板，其总重量不大于25t，且同一批钢板的公称厚度之差与该批中最小钢板厚度的比值不得超过20%。

b）Z25级和Z35级的钢板必须逐张复验。

c）在钢板轧制方向的任一端的中部截取做6个Z向抗拉试样大小的试块。

d）复验时只做3个Z向抗拉试验，另3个的试块料是备用的。

e）试块加工成圆形试样（表50）。试样的平行长度应不小于1.5倍直径。

Z向性能试样的直径 表50

板厚 a(mm)	试样直径 d_0(mm)	板厚 a(mm)	试样直径 d_0(mm)
$a \leqslant 25$	$d_0 = 6$	$a > 25$	$d_0 = 10$

f）试样应尽可能在整个厚度内加工出来；如厚度不够，则可在两端焊接夹持端。

g）必须抽样分析硫的含量。

h）必须核算碳当量 C_{eq}（%），公式为：

$$C_{eq} = C + \frac{Mn}{6} + \frac{Si}{24} + \frac{Ni}{40} + \frac{Cr}{5} + \frac{Mo}{4} + \frac{V}{14}$$

其计算值应符合表51的规定。

碳当量 C_{eq} 和焊接裂纹敏感性指数 P_{cm} 的规定 表51

牌号	交货状态	C_{eq}(%)		P_{cm}(%)	
		≤50mm	50～100mm	≤50mm	50～100mm
Q235GJ	热轧或正火	≤0.36	≤0.36	≤0.26	
Q235GJZ	热轧或正火	≤0.42	≤0.44	≤0.29	
Q345GJ					
Q345GJZ	TMCP	≤0.38	≤0.40	≤0.24	≤0.26

i) 要核算焊接裂纹敏感指数 P_{cm}（%），公式为

$$P_{cm}=C+\frac{Si}{30}+\frac{Mn}{20}+\frac{Cu}{20}+\frac{Ni}{60}+\frac{Cr}{20}+\frac{Mo}{15}+\frac{V}{10}+5B$$

其计算值应符合表51的规定。

j) 只有质量证明文件上所有的数据都合格，复验报告上的硫含量 S（%）和厚度方向的断面收缩率 ψ_z（%）都合格，碳当量 C_{eq} 或焊接裂纹指数 P_{cm} 两者之一合乎要求的厚度方向性能钢板，才能使用。

§3 常用的焊接材料和辅助材料

§3.1 药皮焊条

§3.1.1 表示方法（图6）

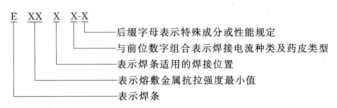

图6 药皮焊条的表示方法

例如 E5016。E 表示焊条；50 表示熔敷金属的抗拉强度 $\sigma_b \geqslant 50\text{N/mm}^2$，即 $\sigma_b \geqslant 490\text{MPa}$；1 表示适用的焊接位置为平、立、横、仰（如为 2，则仅为平焊或平角焊）；6 表示适用的电流种类为交流或直流反接（如为 5，则表示仅适用直流反接）；无后辍，则表示无特殊的化学成分或力学性能要求。

§3.1.2 标准型号摘录（表52）

此表依据《碳素钢焊条》GB/T 5117—1995，仅录 E43 系列和 E50 系列，其中常用的是 E4315、E4316、E5015 和 E5016；另有 E4328 和 E5018，是药皮中含有 30% 的铁粉，焊接效率很高，用于重要结构。

我国焊条标准型号的部分摘录　　　　　　　表52

焊条型号	药皮类型	焊接位置	电流种类
E43 系列，熔敷金属抗拉强度≥420MPa			
E4300	特殊型	平、立、仰、横	交流或直流正、反接
E4301	钛铁矿型	平、立、仰、横	交流或直流正、反接
•E4303	钛钙型	平、立、仰、横	交流或直流正、反接
E4310	高纤维素钠型	平、立、仰、横	直流反接
E4311	高纤维素钾型	平、立、仰、横	交流或直流反接
E4312	高钛钠型	平、立、仰、横	交流或直流正接
E4313	高钛钾型	平、立、仰、横	交流或直流正、反接
•E4315	低氢钠型	平、立、仰、横	直流反接
•E4316	低氢钾型	平、立、仰、横	交流或直流反接
E4320	氧化铁型	平	交流或直流正、反接
E4320	氧化铁型	平角焊	交流或直流正接
E4322	氧化铁型	平	交流或直流正接

续表

焊条型号	药皮类型	焊接位置	电流种类
E43 系列,熔敷金属抗拉强度≥420MPa			
E4323	铁粉钛钙型	平、平角焊	交流或直流正、反接
E4324	铁粉钛型		
E4327	铁粉氧化铁型	平	交流或直流正、反接
		平角焊	交流或直流正接
• E4328	铁粉低氢型	平、平角焊	交流或直流反接
E50 系列,熔敷金属抗拉强度≥490MPa			
E5001	钛铁矿型	平、立、仰、横	交流或直流正、反接
• E5003	钛钙型		
E5010	高纤维素钠型		直流反接
E5011	高纤维素钾型		交流或直流反接
E5014	铁粉钛型		交流或直流正、反接
• E5015	低氢钠型		直流反接
• E5016	低氢钾型		交流或直流反接
• E5018	铁粉低氢钾型		
E5018M	铁粉低氢型		直流反接
E5023	铁粉钛钙型	平、平角焊	交流或直流正、反接
E5024	铁粉钛型		交流或直流正、反接
E5027	铁粉氧化铁型	平、平角焊	交流或直流正接
E5028	铁粉低氢型		交流或直流反接
E5048		平、仰、横、立向下	

§3.1.3 熔敷金属的化学成分（表53）和力学性能（表54）

常用碳素钢焊条的型号与熔敷金属的化学成分（%）　　　表53

焊条型号	C	Si	Mn	P	S	Cr	Ni	Mo	V	Mn,Cr,Ni,Mo,V 总和
E4303	≤0.12	—	—	≤0.040	≤0.035	—	—	—	—	—
E4315	≤0.12	≤0.90	≤1.25	≤0.040	≤0.035	≤0.20	≤0.30	≤0.30	≤0.08	≤1.50
E4316	≤0.12	≤0.90	≤1.25	≤0.040	≤0.035	≤0.20	≤0.30	≤0.30	≤0.08	≤1.50
E4328	≤0.12	≤0.90	≤1.25	≤0.040	≤0.035	≤0.20	≤0.30	≤0.30	≤0.08	≤1.50
E5003	≤0.12	—	—	≤0.040	≤0.035	—	—	—	—	—
E5015	≤0.12	≤0.75	≤1.60	≤0.040	≤0.035	≤0.20	≤0.30	≤0.30	≤0.08	≤1.75
E5016	≤0.12	≤0.75	≤1.60	≤0.040	≤0.035	≤0.20	≤0.30	≤0.30	≤0.08	≤1.75
E5018	≤0.12	≤0.75	≤1.60	≤0.040	≤0.035	≤0.20	≤0.30	≤0.30	≤0.08	≤1.75

常用碳素钢焊条熔敷金属的拉伸性能与焊缝金属的冲击性能　　　表54

焊条型号	熔敷金属的拉伸性能（不小于）					焊缝金属的冲击性能（不小于）			
	σ_b (MPa)	σ_s (MPa)	δ(%)			试验温度 (℃)	冲击吸收功 A_{kV}(J)		
			C	B	A		C	B	A
E43系列焊条									
E4303	420	330	22	25	27	0	27	70	75
E4315	420	330	22	25	27	−30	27	80	90
E4316	420	330	22	25	27	−30	27	80	90
E4328	420	330	22	25	27	−20	27	60	70
E5003	490	400	20	23	25	0	27	70	75
E5015	490	400	22	25	27	−30	27	80	90
E5016	490	400	22	25	27	−30	27	80	90
E5018	490	400	22	25	27	−30	27	80	90

§3.1.4 同母材的匹配（表55）

常用结构钢材同药皮焊条的匹配　　　表55

钢材							药皮焊条				
钢号	等级	抗拉强度 σ_b (MPa)	屈服强度 σ_s(MPa)		冲击吸收功		型号示例	熔敷金属性能			
			$\delta \leq 16$ (mm)	$50 < \delta$ (mm)	T (℃)	A_{kV} (J)		抗拉强度 σ_b (MPa)	屈服强度 σ_s (MPa)	延伸率 δ_s (%)	冲击吸收功 $A_{kV} \geq 27J$ 时试验温度(℃)
Q235	A	375～460	235	205			E4303	420	330	22	0
	B				20	27	E4303、E4328、E4315、E4316				0
	C				0	27					−20
	D				−20	27					−30
Q345	A	470～630	345	275			E5003	490	390	22	20 0
	B				20	34	E5003、E5015、E5016、E5018				
	C				0	34	E5015、E5016、E5018				−30
	D				−20	34					
	E				−40	27					由供需双方协议确定

§3.1.5 型号同牌号的对照（表56）

常用药皮焊条型号同药皮焊条牌号的对照　　　表56

系列	型号	牌号	系列	型号	牌号
E43	E4303	J422	E50	E5003	J502
	E4315	J427		E5015	J507
	E4316	J426		E5016	J506
	E4328	J426Fe		E5018	J506Fe

§3.1.6 部分国内外药皮焊条的对照（表57）

部分常用国内外药皮焊条的参考对照　　　表57

上焊总厂产品牌号	中国 GB	日本		美国 AWS	瑞典 ESAB	西德 DIN	俄罗斯 ГОСТ	国际标准化组织 ISO
		神钢	JIS					
SH·J422	E4303	TB-32	D4303				Э42	
SH·J426	E4316	LB-26 LBM-26	D4316	E6016			Э42A	
SH·J427	E4315			E6015			Э42A	
SH·J502	E5003	LTB-50	D5003		OK50.40		Э50	E5142RR24
SH·J506	E5016	LB-50A	D5016	E7016			Э50A	
SH·J507	E5015			E7015			Э50A	
SH·E7018	E5018	LB-52	D5016	E7018	OK48.00	E5153B10	Э50A	E515B12020H

§3.2 焊　丝

§3.2.1 埋弧焊焊丝（表58、表59、表60和表61）

埋弧焊用碳钢焊丝的牌号与化学成分（按 GB/T 5293—1999）（%）　　　表58

牌号	C	Si	Mn	P	S	Cr	Ni	Cu	其他元素总和
低锰碳钢焊丝									
H08A	≤0.10	≤0.03	0.03～0.60	≤0.030	≤0.030	≤0.20	≤0.30	≤0.20	≤0.50
中锰碳钢焊丝									
H08MnA	≤0.10	≤0.07	0.80～1.10	≤0.030	≤0.030	≤0.20	≤0.30	≤0.20	≤0.50
高锰碳钢焊丝									
H10Mn2	≤0.12	≤0.07	1.50～1.90	≤0.035	≤0.035	≤0.20	≤0.30	≤0.20	≤0.50

常用标准结构钢埋弧焊焊接材料选配　　　表59

钢材		焊剂型号-焊丝牌号示例
牌　号	等　级	
Q235	A、B、C	F4AO-H08A
	D	F4A2-H08A
Q345	A	F5004-H08A①、H08MnA①、H10Mn2②
	B	F5014-、F5011-H08MnA②、H10Mn2②
	C	F5024-、F5021-H08MnA②、H10Mn2②
	D	F5034-、F5031-H08MnA②、H10Mn2②
	E	F5041-③

注：①—薄板I形坡口对接。
　　②—中厚板坡口对接。
　　③—供需双方协议。

埋弧焊用碳钢焊剂和焊丝组合的熔敷金属的拉伸性能　　　　表60

焊和焊型号①	σ_b(MPa)	σ_s(MPa)	δ(%)
F4××-H×××	415~550	≥330	≥22
F5××-H××××	480~650	≥400	≥22

① F表示焊剂，F后的数字代表熔敷金属抗拉强度，数字后的××分别表示试件的焊态及熔敷金属冲击吸收功≥27J时的试验温度，H×××表示焊丝牌号（后详）。

埋弧焊用碳钢焊剂和焊丝组合的熔敷金属的冲击性能　　　　表61

焊剂和焊丝型号①	A_{KV}(J)	T(℃)	焊剂和焊丝型号①	A_{KV}(J)	T(℃)
F××0-H×××	≥27	0	F××0-H×××	≥27	-40
F××2-H×××	≥27	-20	F××2-H×××	≥27	-50
F××3-H×××	≥27	-30	F××3-H×××	≥27	-60

① F表示焊剂，F××后的数字代表熔敷金属冲击吸收功≥27J时的试验温度（后详）。

§3.2.2 气体保护焊焊丝（表62、表63和表64）

气体保护焊用碳钢焊丝的牌号与化学成分（%）　　　　表62

（根据 GB/T 8110—1995）

型号	C	Si	Mn	P	S	Cr	Ni	Mo	其他	表以外其他元素总量
碳钢焊丝										
ER 49-1	≤0.11	0.65~0.95	1.80~2.10	≤0.030	≤0.030	≤0.20	≤0.30	—	Cu≤0.50	—
ER 50-2	≤0.07	0.40~0.70	0.90~1.44	≤0.025	≤0.035	—	—	—	Ti 0.05~0.15 Zr 0.02~0.12 Al 0.05~0.15 Cu≤0.50	≤0.50
ER 50-3	0.06~0.15	0.45~0.75	0.90~1.44	≤0.025	≤0.035	—	—	—	Cu≤0.50	≤0.50
ER 50-4	0.07~0.15	0.65~0.85	1.00~1.50	≤0.025	≤0.035	—	—	—	Cu≤0.50	≤0.50
ER 50-5	0.07~0.19	0.30~0.60	0.90~1.40	≤0.025	≤0.035	—	—	—	Al 0.50~0.90 Cu≤0.50	≤0.50
ER 50-6	0.06~0.15	0.80~1.15	1.40~1.85	≤0.025	≤0.035	—	—	—	Cu≤0.50	≤0.50
ER 50-7	0.07~0.15	0.50~0.80	1.50~2.00	≤0.025	≤0.035	—	—	—	Cu≤0.50	≤0.50

气体保护焊用碳钢焊丝的力学性能　　　　表63

焊丝型号	保护气体	抗拉强度 σ_b(MPa)	屈服强度 $\sigma_{0.2}$(MPa)	伸长率 δ(%)	试验温度 T(℃)	冲击吸收功 A_{KV}(J)
		(不小于)	(不小于)	(不小于)		(不小于)
ER 49-1	CO_2	500	420	22	室温	47
ER 50-2	CO_2	500	420	22	-29	27
ER 50-3	CO_2	500	420	22	-18	27
ER 50-4	CO_2	500	420	22	—	不要求
ER 50-5	CO_2	500	420	22	—	不要求
ER 50-6	CO_2	500	420	22	-29	27
ER 50-7	CO_2	500	420	22	-29	27

常用钢材同 CO_2 气体保护焊① 实芯焊丝的匹配　　　　表 64

钢材		焊丝型号示例	熔敷金属性能④				
			抗拉强度	屈服强度	延伸率	冲击吸收功	
牌号	等级		σ_b(MPa)	σ_s(MPa)	δ_s(%)	T(℃)	A_{kV}(J)
Q235	A	ER49-1②	490	372	20	20	47
	B						
	C	ER50-6	500	420	22	−30	27
	D					−20	
Q345	A	ER49-1②	490	372	20	20	47
	B	ER50-3	500	420	22	−20	27
	C	ER50-2	500	420	22	−30	27
	D						
	E	③	③			③	

注：① 含 Ar-CO_2 混合气体保护焊。
② 用于一般结构，其他用于重大结构。
③ 按供需协议。
④ 表中熔敷金属性能均为最小值。

§3.3　焊　　剂

§3.3.1　常用焊剂的型号（图 7）

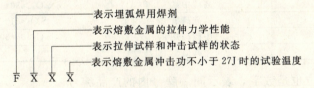

图 7　常用焊剂型号的含义

（1）F 表示焊剂。

（2）F 后第一位是数字，表示熔敷金属的 σ_b（参见表 60）。

（3）F 后第二位是字母，表示试样的状态（表 65）。

试样状态　　　　表 65

焊剂型号	试样状态
FXAX-Hxxx	焊态
FXPX-Hxxx	焊后热处理状态

（4）F 后第三位是数字，表示熔敷金属 $A_{kV} \geq 27J$ 时的试验温度（参见表 61）。

§3.3.2　常用焊剂的牌号

（1）熔炼焊剂（图 8）。

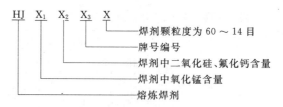

图 8 熔炼焊剂牌号的含义

a) HJ 表示焊剂。

b) HJ 后第一位是数字，表示焊剂中氧化锰的含量（表66）。

熔炼焊剂牌号第一位数字系列　　　　　　　　　　　　　　　　表 66

牌　号	焊剂类型	氧化锰含量(%)
HJ1XX	无锰	MnO<2
HJ2XX	低锰	MnO2~15
HJ3XX	中锰	MnO15~30
HJ4XX	高锰	MnO>30

c) HJ 后第二位也是数字，表示焊剂中二氧化硅和氟化钙的含量（表67）。

熔炼焊剂牌号第二位数字系列　　　　　　　　　　　　　　　　表 67

牌　号	焊剂类型	二氧化硅及氟化钙含量(%)
HJX1X	低硅低氟	$SiO_2<10$　$CaF_2<10$
HJX2X	中硅低氟	$SiO_2$10~30　$CaF_2<10$
HJX3X	高硅低氟	$SiO_2>30$　$CaF_2<10$
HJX4X	低硅中氟	$SiO_2<10$　$CaF_2$10~30
HJX5X	中硅中氟	$SiO_2$10~30　$CaF_2$10~30
HJX6X	高硅中氟	$SiO_2>30$　$CaF_2$10~30
HJX7X	低硅高氟	$SiO_2<10$　$CaF_2>30$
HJX8X	中硅高氟	$SiO_2$10~30　$CaF_2>30$
HJX9X	其他	

d) HJ 后第三位也是数字，表示同一牌号内的产品编号。

e) 最后一个 X，表示细颗粒。正常颗粒度不必注写此字母。

f) 熔炼焊剂的化学成分列于表68。最常用的熔炼焊剂是 HJ330、HJ431。

结构钢用熔炼焊剂的标准化学成分（%）　　　　　　　　　　　表 68

焊剂型号	焊剂类型	SiO_2	Al_2O_3	MnO	CaO	MgO	TiO_2	CaF_2	FeO	S	P	R_2O (K_2O+Na_2O)
HJ130	无锰高硅低氟	35~40	12~16	—	10~18	14~19	7~11	4~7	2.0	≤0.05	≤0.05	—
HJ230	低锰高硅低氟	40~46	10~17	5~10	8~14	10~14	—	7~11	≤1.5	≤0.05	≤0.05	—
HJ250	低锰中硅中氟	18~22	18~23	5~8	4~8	12~16	—	23~30	≤1.5	≤0.05	≤0.05	≤3.0
HJ330	中锰高硅低氟	44~48	≤4.0	22~26	≤3.0	16~20	—	3~6	≤1.5	≤0.06	≤0.08	≤1.0
HJ350	中锰中硅中氟	30~35	13~18	14~19	10~18	—	—	14~20	≤1.0	≤0.06	≤0.07	—
HJ360	中锰高硅中氟	33~37	11~15	20~26	4~7	5~9	—	10~19	≤1.0	≤0.1	≤0.1	—
HJ430	高锰高硅低氟	38~45	≤5	38~47	≤6	—	—	5~9	1.8	≤0.06	≤0.08	—
HJ431	高锰高硅低氟	40~44	≤4	34~38	≤5	5~8	—	3~7	1.8	≤0.06	≤0.08	—
HJ433	高锰高硅低氟	42~45	≤3	44~47	≤4	—	—	2~4	1.8	≤0.06	≤0.08	≤0.5

(2) 烧结焊剂（图9）。

图9 烧结焊剂牌号的含义

a) SJ 表示烧结焊剂。

b) SJ 后第一位是数字，表示渣系类型（表69）。

烧结焊剂第一位数字系列　　　　　　　　　　　　　表69

焊剂牌号	熔渣渣系类型	主要组分范围
SJ1XX	氟碱型	$CaF_2 \geq 15\%$　$CaO+MgO+MnO+CaF_2 > 50\%$　$SiO_2 \leq 20\%$
SJ2XX	高铝型	$Al_2O_3 \geq 20\%$　$Al_2O_3+CaO+MgO > 45\%$
SJ3XX	硅钙型	$CaO+MgO+SiO_2 > 60\%$
SJ4XX	硅锰型	$MnO+SiO_2 > 50\%$
SJ5XX	铝钛型	$Al_2O_3+TiO_2 > 45\%$
SJ6XX	其他型	

c) SJ 后第二位、第三位都是数字，表示同一渣系类型中的编号，如01、02……。

d) 常用烧结焊剂的化学成分列于表70。

结构钢常用烧结焊剂的化学成分　　　　　　　　　　表70

型　号	焊剂类型	组成成分(%)
SJ101	氟碱型	SiO_2+TiO_2　25, $CaO+MgO$　30, Al_2O_3+MnO　25, CaF_2　20
SJ301	硅钙型	SiO_2+TiO_2　40, $CaO+MgO$　25, Al_2O_3+MnO　25, CaF_2　10

e) 现实制作中，常将Q345B钢板、H10Mn2焊丝与SJ101烧结焊剂配合使用，其效果是很不错的。

§3.4　CO_2气体（表71）

二氧化碳气体　　　　　　　　　　　　　　　　　表71

项　目	组分含量(%)		
	优等品	一等品	合格品
二氧化碳含量(V/V)≥	99.9	99.7	99.5
液态水	不得检出	不得检出	不得检出
油	不得检出	不得检出	不得检出
水蒸汽+乙醇含量(m/m)≤	0.005	0.02	0.05
气味	无异味	无异味	无异味

注：对以非发酵法所做的二氧化碳、乙醇含量不作规定。

优等品用于大型钢结构工程中的低合金高强度结构钢，特别是厚钢板，以及约束力大的节点的焊接。一等品用于碳素结构钢的厚板焊接。合格品用于轻钢结构的中薄钢板焊接。

§3.5 熔 化 嘴

§3.5.1 日本产SES-15熔化嘴

（1）型号、规格与用途（表72）

SES-15熔化嘴的型号、规格与用途（日）　　　表72

熔化嘴型号	药皮厚度(mm)	熔化嘴直径(mm)	熔化嘴长度(mm)	适用板厚(mm)	配用焊丝	用途
SES-15A	2	8 10	500 700 1000	14以上	实芯焊丝	用于两面水冷铜成形块的接头
		12	1200	16以上		
SES-15B	1	8 10 12	500 700 1000 1200	12以上 14以上 16以上	实芯焊丝	仅用于单面水冷铜成形块的接头
SES-15E	3	8 10 12	500 700 1000 1200	14以上 16以上 18以上	实芯焊丝	用于两面水冷铜成形块的接头（水冷铜成形块的槽宽40mm以上）
SES-15F	1.6	10	500 700 1000 1200	—	实芯焊丝	用于箱形柱的焊接
SES-15B	1	10 12	500 700 1000 1200	12以上	药芯焊丝	两面水冷铜成形块的接头

（2）配用的焊丝（表73）

SES-15熔嘴配用焊丝的规格与化学成分　　　表73

型号	合金体系	直径	化学成分(%)					说明
			C	Mn	Mo	P	S	
Y-CM	Mn-Mo	2.4、3.2	0.08	1.67	0.48	0.011	0.006	用于σ_b为490MPa级钢
Y-CS	Mn-Si		0.07	1.3	—	0.010	0.010	用于σ_b为400MPa级钢

§3.5.2 国产熔化嘴

（1）钢管：$\phi12\times4$，材质为优质碳素结构钢20。

（2）型号及与钢材、焊丝的匹配（表74），助焊剂为YF-15（后详）。

（3）药皮的配方（表75）。

国产熔嘴、焊丝、钢材、助焊剂的匹配　　　　　表 74

熔嘴型号	焊丝	板厚(mm)	钢材	助焊剂
YZ-2	H08Mn$_2$Mo	110	Q345	YF-15
YZ-2	H10Mn$_2$	38		

国产熔嘴的药皮配方　　　　　表 75

型号	锰矿粉	滑石粉	石英砂	萤石	钛白粉	金红石	白云石	中碳锰铁	硅铁	钼铁	钛铁
	(%)							(g/kg)			
YZ-2	36	21	14	19	5	3	2	100	155	144	100
YZ-1	36	21	19	14	5	3	2				

§3.6 非 熔 化 嘴

非熔化嘴的材质是陶瓷，仅助焊丝导向，自身不熔化，无消耗。

§3.7 助 焊 剂

无论日产还是国产，电渣焊用助焊剂的牌号都是 YF-15（表 76）。

国产助焊剂形成熔渣的成分（%）　　　　　表 76

助焊剂型号	SiO$_2$	MnO	CaO	MgO	其他
YF-15	41.5	17.4	13.4	13.0	9.4

§3.8 栓 钉

§3.8.1 国产栓钉（图 10）

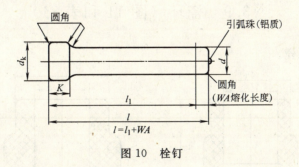

图 10 栓钉

（1）规格和尺寸（表 77）。

栓钉的长度分别为 40、50、80、100、120、130、150、170 和 200mm。

（2）材质（表 78）。

（3）力学性能（表 79）。

栓钉的规格及尺寸（mm 据 GB 10433—89） 表77

	公称	6	8	10	13	16	19	22
d	min	5.76	7.71	9.71	12.65	15.65	18.58	21.58
	max	6.24	8.29	10.29	13.35	16.35	19.42	22.42
d_K	max	11.35	15.35	18.35	22.42	29.42	32.50	35.50
	min	10.65	14.65	17.65	21.58	28.58	31.50	34.50
K	max	5.48	7.58	7.58	10.58	10.58	12.70	12.70
	min	5.00	7.00	7.00	10.00	10.00	12.00	12.00
r	min	2	2	2	2	2	3	3
WA（参考）		4	4	4	5	5	6	6

栓钉的材质 表78

材质		化学成分（%）				
标准	钢号	C max	Si max	Mn	P max	S max
GB 6478—86	ML15	0.20	0.10	0.3～0.6	0.04	0.04

栓钉的力学性能 表79

σ_b(MPa)		σ_s(MPa)	δ_5(%)
min	max	min	min
400	550	240	14

注：当栓钉长度不足以加工拉力试样时，用硬度试验代替拉力试验，硬度值要求为 HRB 66～85。

§3.8.2 部分国外的栓钉（表80）

部分国外栓钉的力学性能 表80

国别和标准号	抗拉强度 σ_b(MPa)	屈服强度 σ_s(MPa)	伸长率 δ(%)	断面收缩率 Ψ(%)
日本 JISB 1198—82	402～549	≥235	≥20	未规定
美国 ANSI/AWSD1.1—92	≥415	≥345	≥20	≥50
中国 GB 10433—89	≥415	≥345	≥20	≥50

§3.9 瓷环（图11和表81）

瓷环的材质为陶瓷。

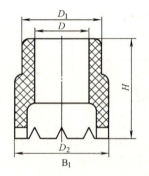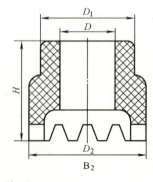

图11 瓷环

表 81 瓷环的尺寸及公差（按 GB 10433—89）

D	D_1	D_2	H	形 式	适用的公称直径 d
8.5	12.0	14.5	10.0	图 B_1 适用普通平焊	8
10.5	17.5	20.0	11.0		10
13.5	18.0	23.0	12.0		13
17.0	24.5	27.0	14.0		16
20.0	27.0	31.5	17.0		19
23.5	32.0	36.5	18.5		22
13.5	23.6	27	16.0	图 B_2 适用于穿透平焊	13
17.0	26.0	30	18.0		16
20.0	31.0	36	18.0		19

§3.10 药芯焊丝

§3.10.1 断面（图 12）

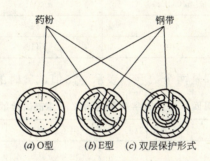

图 12 常用药芯焊丝的断面

§3.10.2 型号（图 13）

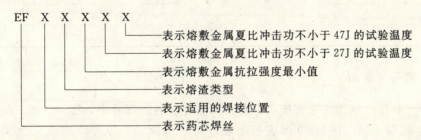

图 13 碳钢用药芯焊丝型号的含义

（1）EF 表示药芯焊丝。
（2）EF 后第一位是个数字，表示适用的焊接位置（表 82）。
（3）EF 后第二位也是个数字，表示熔渣的类型（表 83）。
（4）EF 后第三位是两个连续的数字，表示熔敷金属的 σ_b（表 84）。

EF后第一位数字表示的含义（焊接位置） 表82

第一位数字	适用的焊接位置
0	平焊和横焊
1	全位置焊

EF后第二位数字表示的含义（熔渣类型） 表83

第二位数字	药芯类型	保护气体	电流极性种类	适用性
1	氧化钛型	CO_2	焊丝接正	单道和多道焊
2	氧化钛型	CO_2	焊丝接正	单道焊
3	氧化钙-氟化物型	CO_2	焊丝接正	单道和多道焊
4	—	自保护	焊丝接正	单道和多道焊
5	—	自保护	焊丝接负	单道和多道焊
G	—	—	—	单道和多道焊
GS	—	—	—	单道焊

EF后第三位数字的表示含义（熔敷金属的σ_b） 表84

第三位数字	σ_b(MPa)	σ_s(MPa)	δ_5(%)
43	430	340	22
50	500	410	22

（5）EF后第四、第五都是两个数字，表示A_{kV}值试验时的温度（表85）。

EF后第四、五位数字表示的含义（冲击试验的温度） 表85

第四位数字	温度(℃)	冲击功(J)	第五位数字	温度(℃)	冲击功(J)
0	—	—	0	—	—
1	+20		1	+20	
2	0		2	0	
3	−20	≥27	3	−20	≥47
4	−30		4	−30	
5	−40		5	−40	

§3.10.3 牌号（表86）

关于牌号，迄今尚无统一标准，由各公司自定。各种牌号中，第一、第二位数字表示熔敷金属的σ_b最小值，例如50即表示熔敷金属的$\sigma_b \geq 50N/mm^2$，即$\sigma_b \geq 50MPa$；最后一位数字表示渣系，例如2表示氧化钛型酸性渣系，7表示氟钙型碱性渣系。

§3.10.4 日本的药芯焊丝

日本焊芯焊丝用得很多。日本迄今也无药芯焊丝的统一标准，其牌号、成分、性能均由有关公司自定。现列于表87，以供参考。

表 86 部分国产常用气保护药芯焊丝产品牌号、成分、性能

产地	牌号	熔敷金属化学成分(%)									熔敷金属力学性能						说明
		C	Mn	Si	S	P	Ni	Cr	Cu	Mo	σ_b(MPa)	σ_s(MPa)	δ_5(%)	A_{kV}(J)			
														0℃	-20℃	-30℃	-40℃	
北京钢廉焊材有限公司	GL-YJ502(Q)	≤0.10 *0.07	≤1.60 1.31	≤0.60 0.35	≤0.030 0.011	≤0.030 0.018					≥500 564	≥410 492	≥22 27	≥47 108				氧化钛型渣系 全位置焊接
	GL-YJ507(Q)	≤0.10 *0.07	≤1.60 1.28	≤0.60 0.33	≤0.030 0.010	≤0.030 0.015	≤0.50 0.40				≥500 560	≥400 481	≥22 28	≥47 112	≥27 76.			氟钙型碱性渣系 平、横位置焊接
	GL-YJ602(Q)	≤0.010 *0.08	≤1.60 1.30	≤0.60 0.39	≤0.030 0.013	≤0.030 0.017	≤1.10 0.86				≥590 635	≥490 560	≥19 25	≥47 112	≥27 58			氧化钛型渣系 全位置焊接
	GL-YJ502Ni(Q)	≤0.10 *0.07	≤1.30 1.23	≤0.60 0.37	≤0.030 0.012	≤0.030 0.018	0.75~1.25 0.88				≥500 570	≥410 510	≥22 27	≥47 114			≥27 58	氧化钛型渣系 低温冲击韧性好 用于D、E级钢全位置焊接
	GL-YJ502CrNiCu(Q)	≤0.010 *0.07	≤1.60 1.11	≤0.60 0.34	≤0.030 0.012	≤0.030 0.017	0.3~0.6 0.44	0.25~0.5 0.42	0.25~0.45 0.39	≤0.35 0.16	≥500 580	≥410 512	≥22 27					氧化钛型渣系 用于耐候钢全位置焊接
北京宝钢焊业有限公司	PK-YJ507(C)	≤0.10	≤1.75	≤0.50	≤0.030	≤0.030					≥490		≥22			≥47		低氢型、冲击韧性好
	PK-YJ507	≤0.10	≤1.75	≤0.50	≤0.030	≤0.030					≥490		≥22			≥28		低氢型
天津三英焊业有限公司	SQJ507	≤0.10	≤1.8	≤0.6	≤0.03	≤0.03					≥490 520	≥420 440	≥22 28	≥47 130	≥47 70			低氢型,但工艺性好 用于全位置焊接
	SQJ501	≤0.12	≤1.6	≤0.6	≤0.03	≤0.03					≥510 550	≥410 450	≥22 28	≥47 90	≥47 70			氧化钛型、冲击韧性好 用于全位置焊接
	SQJ601	≤0.12	≤2.0	≤0.8	≤0.03	≤0.03					≥590 620	≥490 560	≥19 25	≥47 90	≥47 70			氧化钛型、全位置焊 用于Q420、Q460高强钢

表 87 日本各厂生产的 CO_2 气体保护药芯焊丝

产地	牌号	熔敷金属化学成分(%)								熔敷金属扩散氢 [H] (mL/100g)	熔敷金属力学性能						说明
		C	Si	Mn	P	S	Ni	Cr	Cu		σ_s (MPa)	σ_b (MPa)	δ (%)	冲击功(J)			
														20℃	0℃	−20℃	
新日铁	FC-1	0.06	0.50	1.02	0.012	0.010				3.5	460	540	31		88		适用于 σ_b 为 400、490MPa 级钢的全位置、高效焊接
	FC-2	0.07	0.42	1.10	0.012	0.010	0.87			3.0	510	590	28		92	49	低温冲击韧性好,适用于厚板多层焊
神钢	DW-50W	0.06	0.35	1.06	0.013	0.008	0.38	0.54	0.39		510	590	27	140			用于 σ_b 为 400 及 490MPa 级耐候钢、全位置焊
	DW-100	0.05	0.45	1.35	0.013	0.009					510	570	30	110			用于 σ_b 为 400 及 490MPa 级钢的全位置焊

§3.11 焊接材料的质量控制

§3.11.1 质量证明文件的审核

（1）焊条、焊丝、焊剂、熔化嘴、助焊剂、栓钉、药芯焊丝等，应仔细审核其质量证明文件，以认定其单个（如焊条、焊丝、药芯焊丝、栓钉）或多个（如焊丝＋焊剂、熔化嘴＋焊丝＋助焊剂）的化学成分、力学性能，以及同母材的匹配，是否符合设计要求。（分别参阅§3.1、§3.2、§3.3、§3.5、§3.7、§3.8和§3.10的有关内容。）

（2）在以上各项中，如有不符合设计要求的，应予退货。

（3）CO_2气、非熔化嘴、瓷环，应仔细审核其质量证明文件，如有不符合要求的，应予退货。（参阅§3.4、§3.6和§3.9的有关内容。）

§3.11.2 外表质量的检验

（1）焊条

a）焊条的药皮必须包裹完整，不准缺损，不准开裂。

b）焊条必须挺直。弯曲的焊条难免药皮剥落，因此不可使用。

c）焊条端头不准有锈斑。

（2）焊丝

a）焊丝必须盘绕整齐。

b）焊丝外表的镀铜应完好而无缺损。

c）焊丝的端头不准有锈斑。

（3）焊剂

a）焊剂应存放在完整的包装袋内。

b）焊剂中不应混有灰尘、铁屑及其他杂物。

c）受潮结块的焊剂不得使用。

d）严禁使用熔焊过的、已经结成块状的焊剂混入新焊剂中使用。

（4）CO_2气体

a）应购买正规厂商提供的CO_2气体。

b）气瓶上应配有预热器和流量计。

c）使用前应做放水处理。

（5）熔化嘴

a）熔化嘴的长度应为：使用长度＋300mm。

b）熔化嘴必须挺直。不准使用弯曲的熔化嘴。

c）熔化嘴的端头不准有锈斑。

d）熔化嘴的药皮应涂覆完整、均匀，不准缺损，不准开裂。

（6）非熔化嘴

a）用耐火材料制成的非熔化嘴必须挺直。不准使用弯曲的非熔化嘴。

b）非熔化嘴必须完好，不准缺角，不准开裂。

(7) 助焊剂

a) 助焊剂应存放在完整的包装袋内。

b) 助焊剂中不应混有灰尘、铁屑及其他杂物。

c) 助焊剂应堆放在干燥的库房内。

(8) 栓钉

a) 栓钉下端的小圆珠应放置完好。

b) 栓钉下端的表面及其周边将要焊接的部位应无锈斑。

(9) 瓷环

瓷环应制作完好，不准缺口，不准开裂。

(10) 药芯焊丝

a) 药芯焊丝必须盘绕整齐。

b) 药芯焊丝的外表应完好而无缺损。

c) 药芯焊丝的端头不应有锈斑。

d) 药芯焊丝应盘绕在钢质的焊丝盘上（因为在使用前要烘焙，塑料盘不合适）。

以上各种，除 CO_2 气体应竖直排放于有顶的、通风良好的专用库房外，其余的都应堆放在干燥库房内的离地 300mm、离墙至少 300mm 的架子上。库房里的相对湿度不应超过 70%。各种焊接材料应在库房内分门别类堆放。

§3.11.3 内在质量的抽查和复验

如在按批检验焊接材料的外表质量时，发现有疑点，则应抽查和复验。具体做法是：将焊条、焊丝＋焊剂、焊丝＋CO_2 气、熔化嘴＋焊丝＋助焊剂、非熔化嘴＋焊丝＋助焊剂、栓钉＋瓷环、药芯焊丝＋CO_2 气，在设计规定品种和规格的母材上，按规定的焊接方法（药皮焊条手工电弧焊、埋弧焊、实芯焊丝气保护焊、电渣焊、栓钉焊、药芯焊丝气保护焊）焊成试件，取出全焊缝试样（栓钉焊除外），做相关的力学性能试验。以试验的结果为依据，判断疑点能不能排除，从而确定该批焊接材料能否在工程上使用。

§4 常用的焊接方法

§4.1 同焊接方法有关的符号

§4.1.1 焊接接头的标记（图14）

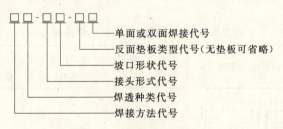

图14 焊接接头的标记

（1）焊接方法代号（表88）。

常用主要焊接方法的代号　　　　　表88

代号	焊接方法	英 文	代号	焊接方法	英 文
M	药皮焊条手工电弧焊	Shielded Manual Arc Welding	S	埋弧焊	Submerged Arc Welding
G	气体保护焊	Gas Shielded Arc Welding			

（2）焊透种类代号（表89）。

焊透种类代号　　　　　表89

代 号	焊透种类	英 文
C	全焊透	Complete Penetration
P	部分焊透	Part Penetration

（3）接头形式代号（表90）。

接头形式及坡口形状的代号　　　　　表90

接头形式			坡 口 形 状		
代号	英文原意	名称	代号	名 称	英 文
			I	I形坡口	Square Groove
B	Butt Joint	对接接头	V	V形坡口	V Groove
			X	X形坡口	X Groove
U	Butt Joint or T Joint	对接接头或U形接头	L	单边V形坡口	Single V Groove
			K	K形坡口	Double V Groove
T	T Joint	T形接头	U①	U形坡口	U Groove
			J①	单边U形坡口	Single U Groove
C	Corner Joint	角接头	注：①—当钢板厚度≥50mm时，可采用U形或J形坡口。		

(4) 坡口形状代号（表90）。
(5) 反面垫板类型代号（表91）。

反面垫板种类及单面焊或双面焊的代号　　　　　　表91

反面垫板种类		焊 接 面	
代 号	使 用 材 料	代 号	焊接面规定
B_S	钢衬垫	1	单面焊接
B_F	其他材料的衬垫	2	双面焊接

(6) 单面或双面焊接代号（表91）。

§4.1.2 药皮焊条手工电弧焊的焊接接头举例（表92）

药皮焊条手工电弧焊全焊透的焊接接头　　　　　　表92

序号	标记	坡口形状示意图	板厚(mm)	焊接位置	坡口尺寸(mm)	允许偏差(mm)		备注
						施工图	实际装配	
1	MC-BI-2 MC-TI-2 MC-CI-2		3～6	F H V O	$b=\dfrac{t}{2}$	0,+1.5	-3,+1.5	清根
2	MC-BI-B1 MC-CI-B1		3～6	F H V O	$b=t$	0,+1.5	-1.5,+6	
3	MC-BV-2 MC-CV-2		≥6	F H V O	$b=0～3$ $p=0～3$ $α_1=60°$	0,+1.5 0,+1.5 0°,+10°	-3,+1.5 不限制 -5°,+10°	清根

续表

序号	标记	坡口形状示意图	板厚(mm)	焊接位置	坡口尺寸(mm)		允许偏差(mm)		备注
							施工图	实际装配	
4	MC-BV-B1		≥6	F,H V,O	b	α_1	$b:0,+1.5$ $\alpha_1:0°,+10°$	$-1.5,+6$ $-5°,+10°$	
					6	45°			
				F,V O	10	30°			
					13	20°			
					$p=0\sim2$		$0,+1.5$	$0,+2$	
	MC-CV-B1		≥12	F,H V,O	b	α_1	$b:0,+1.5$ $\alpha_1:0°,+10°$	$-1.5,+6$ $-5°,+10°$	
					6	45°			
				F,V O	10	30°			
					13	20°			
					$p=0\sim2$		$0,+1.5$	$0,+2$	
5	MC-BL-2				$b=0\sim3$		$0,+1.5$	$-3,+1.5$	
	MC-TL-2		≥6	F H V O	$p=0\sim3$		$0,+1.5$	$0,+2$	清根
	MC-CL-2				$\alpha_1=45°$		$0°,+10°$	$-5°,+10°$	
6	MC-BL-B1		≥6	F H V O					
7	MC-TL-B1		≥6	F,H V,O (F,V,O)	b	α_1	$b:0,+1.5$ $\alpha_1:0°,+10°$ $p:0,+1.5$	$-1.5,+6$ $-5°,+10°$ $0,+2$	
					6	45°			
					(10)	(30°)			
	MC-CL-B1			F,H V,O (F,V,O)	$p=0\sim2$				
8	MC-BX-2		≥16	F H V O	$b=0\sim3$		$0,+1.5$	$-3,+1.5$	清根
					$H_1=\frac{2}{3}(t-p)$		$0,+3$	$0,+3$	
					$p=0\sim3$		$0,+1.5$	$0,+2$	
					$H_2=\frac{1}{3}(t-p)$		$0,+3$	$0,+3$	
					$\alpha_1=60°$		$0°,+10°$	$-5°,+10°$	
					$\alpha_2=60°$		$0°,+10°$	$-5°,+10°$	

续表

序号	标记	坡口形状示意图	板厚(mm)	焊接位置	坡口尺寸(mm)	允许偏差(mm)		备注
						施工图	实际装配	
9	MC-BK-2		≥16	F H V O	$b=0\sim3$	$0,+1.5$	$-3,+1.5$	清根
	MC-TK-2				$H_1=\frac{2}{3}(t-p)$	$0,+3$	$0,+3$	
					$p=0\sim3$	$0,+1.5$	$0,+2$	
					$H_2=\frac{1}{3}(t-p)$	$0,+3$	$0,+3$	
	MC-CK-2				$\alpha_1=45°$	$0°,+10°$	$-5°,+10°$	
					$\alpha_2=60°$	$0°,+10°$	$-5°,+10°$	

§ 4.1.3 实芯焊丝气体保护焊和药芯焊丝自保护焊全焊透的焊接接头举例（表93）

实芯焊丝气体保护焊和药芯焊丝自保护焊全焊透的焊接接头　　表93

序号	标记	坡口形状示意图	板厚(mm)	焊接位置	坡口尺寸(mm)	允许偏差(mm)		备注
						施工图	实际装配	
1	GC-BI-2		3～8	F H V O	$b=0\sim3$	$0,+1.5$	$-3,+1.5$	清根
	GC-TI-2							
	GC-CI-2							
2	GC-BI-B1		6～10	F H V O	$b=t$	$0,+1.5$	$-1.5,+6$	
	GC-CI-B1							
3	GC-BV-2		≥6	F H V O	$b=0\sim3$	$0,+1.5$	$-3,+1.5$	清根
					$p=0\sim3$	$0,+1.5$	$0,+2$	
	GC-CV-2				$\alpha_1=60°$	$0°,+10°$	$-5°,+10°$	

续表

序号	标记	坡口形状示意图	板厚(mm)	焊接位置	坡口尺寸(mm)		允许偏差(mm) 施工图	允许偏差(mm) 实际装配	备注
4	GC-BV-B1		≥6	F V O	b	α_1	$b:0,+1.5$ $\alpha_1:0°,+10°$ $p:0,+1.5$	$-1.5,+6$ $-5°,+10°$ $0,+2$	
					6	45°			
	GC-CV-B1		≥12		10	30°			
					$p=0\sim2$				
5	GC-BL-2		≥6	F H V O	$b=0\sim3$ $p=0\sim3$ $\alpha_1=45°$		0,+1.5 0,+1.5 0°,+10°	$-3,+1.5$ 不限制 $-5°,+10°$	清根
	GC-TL-2								
	GC-CL-2								
6	GC-BL-B1		≥6	F,H V,O (F)	b	α_1	$b:0,+1.5$ $\alpha_1:0°,+10°$ $p:0,+1.5$	$-1.5,+6$ $-5°,+10°$ $0,+2$	
					6	45°			
					(10)	(30°)			
					$p=0\sim2$				
7	GC-TL-B1		≥6	F,H V,O (F)	b	α_1	$b:0,+1.5$ $\alpha_1:0°,+10°$ $p:0,+1.5$	$-1.5,+6$ $-5°,+10°$ $0,+2$	
					6	45°			
					(10)	(30°)			
	GC-CL-B1				$p=0\sim2$				
8	GC-BX-2		≥6	F H V O	$b=0\sim3$ $H_1=\frac{2}{3}(t-p)$ $p=0\sim3$ $H_2=\frac{1}{3}(t-p)$ $\alpha_1=60°$ $\alpha_2=60°$		0,+1.5 0,+3 0,+1.5 0,+3 0°,+10° 0°,+10°	$-3,+1.5$ 0,+3 0,+2 0,+3 $-5°,+10°$ $-5°,+10°$	清根

续表

序号	标记	坡口形状示意图	板厚(mm)	焊接位置	坡口尺寸(mm)	允许偏差(mm) 施工图	允许偏差(mm) 实际装配	备注
9	GC-BK-2 GC-TK-2 GC-CK-2		≥16	F H V O	$b=0\sim3$ $H_1=\frac{2}{3}(t-p)$ $p=0\sim3$ $H_2=\frac{1}{3}(t-p)$ $\alpha_1=45°$ $\alpha_2=60°$	0,+1.5 0,+3 0,+1.5 0,+3 0°,+10° 0°,+10°	−3,+1.5 0,+3 0,+2 0,+3 −5°,+10° −5°,+10°	清根

§4.1.4 埋弧焊全焊透的焊接接头举例（表94）

埋弧焊全焊透的焊接接头　　　　表94

序号	标记	坡口形状示意图	板厚(mm)	焊接位置	坡口尺寸(mm)	允许偏差(mm) 施工图	允许偏差(mm) 实际装配	备注
1	SC-BI-2 SC-TI-2 SC-CI-2		6～12 6～10	F F	$b=0$	±0	0,+1.5	清根
2	SC-BI-B1 SC-CI-B1		6～10	F	$b=t$	0,+1.5	−1.5,+6	

74

续表

序号	标记	坡口形状示意图	板厚(mm)	焊接位置	坡口尺寸(mm)	允许偏差(mm) 施工图	允许偏差(mm) 实际装配	备注
3	SC-BV-2		≥12	F	$b=0$ $H_1=t-p$ $p=6$ $\alpha_1=60°$	±0 −3,+0 0°,+10°	0,+1.5 ±1.5 −5°,+10°	清根
	SC-CV-2		≥10	F	$b=0$ $p=6$ $\alpha_1=60°$	±0 −3,+0 0°,+10°	0,+1.5 ±1.5 −5°,+10°	清根
4	SC-BV-B1 SC-CV-B1		≥10	F	$b=8$ $H_1=t-p$ $p=2$ $\alpha_1=30°$	0,+1.5 0,+1.5 0°,+10°	−1.5,+6 ±1.5 −5°,+10°	
5	SC-BL-2		≥12	F	$b=0$ $H_1=t-p$ $p=6$ $\alpha_1=55°$	±0 −3,+0 0°,+10°	0,+2 ±1.5 −5°,+10°	清根
			≥10	H				
	SC-TL-2		≥8	F	$b=0$ $H_1=t-p$ $p=6$ $\alpha_1=60°$	0 −3,+0 0°,+10°	0,+1.5 ±1.5 −5°,+10°	
	SC-CL-2		≥8	F	$b=0$ $H_1=t-p$ $p=6$ $\alpha_1=55°$	±0 −3,+0 0°,+10°	0,+2 ±1.5 −5°,+10°	清根

续表

序号	标记	坡口形状示意图	板厚(mm)	焊接位置	坡口尺寸(mm)		允许偏差(mm)		备注
							施工图	实际装配	
6	SC-BL-B1		$\geqslant 10$	F	b | α_1 6 | 45° 10 | 30° $p=2$		$b:0,+1.5$ $\alpha_1:0°,+10°$ $-2,+1$	$-1.5,+6$ $-5°,+10°$ $-2,+2$	
	SC-TL-B1								
	SC-CL-B1								
7	SC-BX-2		$\geqslant 20$	F	$b=0$ $H_1=\frac{2}{3}(t-p)$ $p=6$ $H_2=\frac{1}{3}(t-p)$ $\alpha_1=60°$ $\alpha_2=60°$		$0,+1.5$ $0,+6$ $0°,+10°$ $0°,+10°$	$0,+1.5$ $0,+6$ $-5°,+10°$ $-5°,+10°$	清根
8	SC-BK-2		$\geqslant 20$ $\geqslant 12$	F H	$b=0$ $H_1=\frac{2}{3}(t-p)$ $p=5$ $H_2=\frac{1}{3}(t-p)$ $\alpha_1=55°$ $\alpha_2=60°$		± 0 $-3,+0$ $0°,+10°$ $0°,+10°$	$0,+1.5$ $-2,+3$ $-5°,+10°$ $-5°,+10°$	清根
	SC-TK-2		$\geqslant 20$	F	$b=0$ $H_1=\frac{2}{3}(t-p)$ $p=5$ $H_2=\frac{1}{3}(t-p)$ $\alpha_1=60°$ $\alpha_2=60°$		± 0 $-3,+0$ $0°,+10°$ $0°,+10°$	$0,+1.5$ ± 1.5 $-5°,+10°$ $-5°,+10°$	清根
	SC-CK-2		$\geqslant 20$	F	$b=0$ $H_1=\frac{2}{3}(t-p)$ $p=5$ $H_2=\frac{1}{3}(t-p)$ $\alpha_1=55°$ $\alpha_2=60°$		± 0 $-3,+0$ $0°,+10°$ $0°,+10°$	$0,+1.5$ $-2,+2$ $-5°,+10°$ $-5°,+10°$	清根

§4.1.5 药皮焊条手工电弧焊部分焊透的焊接接头举例（表95）

药皮焊条手工电弧焊部分焊透的焊接接头　　表95

序号	标记	坡口形状示意图	板厚(mm)	焊接位置	坡口尺寸(mm)	允许偏差(mm) 详图	允许偏差(mm) 装配	备注
1	MP-BI-1 MP-CI-1		3～6	F H V O	$b=0$	0,+1.5	0,+1.5	
2	MP-BI-2 MP-CI-2		3～6	F H V O	$b=0$	0,+1.5	0,+1.5	
			6～10	F H V O	$b=0$	0,+1.5	0,+3	
3	MP-BV-1 MP-BV-2 MP-CV-1 MP-CV-2		≥6	F H V O	$b=0$ $H_1 \geqslant 2\sqrt{t}$ $p=t-H_1$ $\alpha_1=60°$	0,+1.5 0,+3 　 0°,+10°	0,+3 0,+3 　 −5°,+10°	
4	MP-BL-1		≥6	F H V O	$b=0$ $H_1 \geqslant 2\sqrt{t}$ $p=t-H_1$ $\alpha_1=45°$	0,+1.5 0,+3 　 0°,+10°	0,+3 0,+3 　 −5°,+10°	

续表

序号	标记	坡口形状示意图	板厚(mm)	焊接位置	坡口尺寸(mm)	允许偏差(mm)		备注
						详图	装配	
5	MP-BL-2 MP-CL-1 MP-CL-2		≥ 6	F H V O	$b=0$ $H_1 \geq 2\sqrt{t}$ $p=t-H_1$ $\alpha_1=45°$	0,+1.5 0,+3 0°,+10°	0,+3 0,+3 -5°,+10°	
6	MP-TL-1 MP-TL-2		≥ 10	F H V O	$b=0$ $H_1 \geq 2\sqrt{t}$ $p=t-H_1$ $\alpha_1=45°$	0,+1.5 0,+3 0°,+10°	0,+3 0,+3 -5°,+10°	
7	MP-BX-2		≥ 25	F H V O	$b=0$ $H_1=2\sqrt{t}$ $p=t-H_1-H_2$ $H_2 \geq 2\sqrt{t}$ $\alpha_1=60°$ $\alpha_2=60°$	0,+1.5 0,+3 0,+3 0°,+10° 0°,+10°	0,+3 0,+3 0,+3 -5°,+10° -5°,+10°	
8	MP-BK-2 MP-TK-2 MP-CK-2		≥ 25	F H V O	$b=0$ $H_1 \geq 2\sqrt{t}$ $p=t-H_1-H_2$ $H_2 \geq 2\sqrt{t}$ $\alpha_1=45°$ $\alpha_2=45°$	0,+1.5 0,+3 0,+1.5 0,+3 0°,+10° 0°,+10°	0,+3 0,+3 0,+2 0,+3 -5°,+10° -5°,+10°	

§4.1.6 实芯焊丝气体保护焊和药芯焊丝自保护焊部分焊透的焊接接头举例（表96）

实芯焊丝气体保护焊、药芯焊丝自保护焊部分焊透的焊接接头　　表96

序号	标记	坡口形状示意图	板厚(mm)	焊接位置	坡口尺寸(mm)	允许偏差(mm) 详图	允许偏差(mm) 装配	备注
1	GP-BI-1 GP-CI-1		3～10	F H V O	$b=0$	0,+1.5	0,+1.5	
2	GP-BI-2 GP-CI-2		3～10 10～12	F H V O	$b=0$	0,+1.5	0,+1.5	
3	GP-BV-1 GP-BV-2 GP-CV-1 GP-CV-2		≥6	F H V O	$b=0$ $H_1 \geq 2\sqrt{t}$ $p=t-H_1$ $\alpha_1=60°$	0,+1.5 0,+3 0°,+10°	0,+3 0,+3 −5°,+10°	
4	GP-BL-1		≥6	F H V O	$b=0$ $H_1 \geq 2\sqrt{t}$ $p=t-H_1$ $\alpha_1=45°$	0,+1.5 0,+3 0°,+10°	0,+3 0,+3 −5°,+10°	

续表

序号	标记	坡口形状示意图	板厚(mm)	焊接位置	坡口尺寸(mm)	允许偏差(mm) 详图	允许偏差(mm) 装配	备注
5	GP-BL-2		≥6	F H V O	$b=0$ $H_1 \geq 2\sqrt{t}$ $p=t-H_1$ $\alpha_1=45°$	$0, +1.5$ $0, +3$ $0°, +10°$	$0, +3$ $0, +3$ $-5°, +10°$	
	GP-CL-1							
	GP-CL-2		6~24					
6	GP-TL-1		≥10	F H V O	$b=0$ $H_1 \geq 2\sqrt{t}$ $p=t-H_1$ $\alpha_1=45°$	$0, +1.5$ $0, +3$ $0°, +10°$	$0, +3$ $0, +3$ $-5°, +10°$	
	GP-TL-2							
7	GP-BX-2		≥25	F H V O	$b=0$ $H_1 \geq 2\sqrt{t}$ $p=t-H_1-H_2$ $H_2 \geq 2\sqrt{t}$ $\alpha_1=60°$ $\alpha_2=60°$	$0, +1.5$ $0, +3$ $0, +3$ $0°, +10°$ $0°, +10°$	$0, +3$ $0, +3$ $0, +3$ $-5°, +10°$ $-5°, +10°$	
8	GP-BK-2		≥25	F H V O	$b=0$ $H_1 \geq 2\sqrt{t}$ $p=t-H_1$ $H_2 \geq 2\sqrt{t}$ $\alpha_1=45°$ $\alpha_2=45°$	$0, +1.5$ $0, +3$ $0, +3$ $0°, +10°$ $0°, +10°$	$0, +3$ $0, +3$ $0, +3$ $-5°, +10°$ $-5°, +10°$	
	GP-TK-2							
	GP-CL-2							

§4.1.7 埋弧焊部分焊透的焊接接头举例（表97）

埋弧焊部分焊透的焊接接头　　　　　表97

序号	标记	坡口形状示意图	板厚(mm)	焊接位置	坡口尺寸(mm)	允许偏差(mm) 施工图	允许偏差(mm) 安装装配	备注
1	SP-BI-1 SP-CI-1		6～12	F	$b=0$	0,+1	0,+1	
2	SP-BI-2 SP-CI-2		6～20	F	$b=0$	0,+1	0,+1	
3	SP-BV-1 SP-BV-2 SP-CV-1 SP-CV-2		≥14	F	$b=0$ $H_1 \geq 2\sqrt{t}$ $p=t-H_1$ $\alpha_1=60°$	0,+1 0,+3 0°,+10°	0,+1.5 0,+3 -5°,+10°	
4	SP-BL-1		≥14	F H	$b=0$ $H_1 \geq 2\sqrt{t}$ $p=t-H$ $\alpha_1=60°$	±0 0,+3 0°,+10°	0,+1.5 0,+3 -5°,+10°	

续表

序号	标记	坡口形状示意图	板厚(mm)	焊接位置	坡口尺寸(mm)	允许偏差(mm) 施工图	允许偏差(mm) 安装装配	备注
4	SP-BL-2 SP-CL-1 SP-CL-2		≥14	F H	$b=0$ $H_1 \geq 2\sqrt{t}$ $p=t-H_1$ $\alpha_1=60°$	±0 0,+3 0°,+10°	0,+1.5 0,+3 −5°,+10°	
5	SP-TL-1 SP-TL-2		≥14	F H	$b=0$ $H_1 \geq 2\sqrt{t}$ $p=t-H_1$ $\alpha_1=60°$	0,+1 0,+3 0°,+10°	0,+1.5 0,+3 −5°,+10°	
6	SP-BX-2		≥25	F	$b=0$ $H_1 \geq 2\sqrt{t}$ $p=t-H_1-H_2$ $H_2 \geq 2\sqrt{t}$ $\alpha_1=60°$ $\alpha_2=60°$	0,+1 0,+3 0,+3 0°,+10° 0°,+10°	0,+1.5 0,+3 0,+3 −5°,+10° −5°,+10°	
7	SP-BK-2 SP-TK-2 SP-CK-2		≥25	F H	$b=0$ $H_1 \geq 2\sqrt{t}$ $p=t-H_1-H_2$ $H_2 \geq 2\sqrt{t}$ $\alpha_1=60°$ $\alpha_2=60°$	0,+1 0,+3 0,+3 0°,+10° 0°,+10°	0,+1.5 0,+3 0,+3 −5°,+10° −5°,+10°	

§4.1.8 焊接位置的代号（表98）

焊接位置的代号　　　　　　　　　　　　表98

代号	焊接位置	英　文	代号	焊接位置	英　文
F	平焊	Flat	V	立焊	Vertical
H	横焊	Horizontal	O	仰焊	Over Head

§4.2　药皮焊条手工电弧焊

§4.2.1　原理

在对涂有药皮的焊条与工件之间施加一定的电压，并使之强烈放电后，会产生电弧。此电弧的高温会使焊条和工件的局部熔化，形成气体、熔渣和金属熔池。气体和熔渣对金属熔池起保护作用。金属熔池在凝固后成为焊缝。此时熔渣已成固态，覆盖于焊缝的表面。（参见图15）。

§4.2.2　焊接电流的选择

a）平焊按公式 $I=Kd$ 计算，式中 I 为焊接电流（A）；d 为焊条直径（mm）；K 为经验系数（A/mm），可从表99中选用。

通常平焊使用的焊接电流列于表100，以供参考。

b）立焊、横焊和仰焊的焊接电流比平焊的小10%～20%。

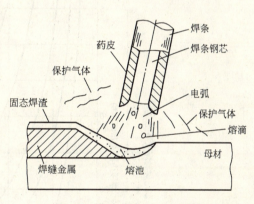

图15　药皮焊条手工电弧焊

焊接电流经验系数（平焊时）　　　　　　　表99

焊条直径(mm)	1.6	2～2.5	3.2	4～6
经验系数(A/mm)	20～25	25～30	30～40	40～50

参考用的焊接电流（平焊时）　　　　　　　表100

焊条直径(mm)	1.6	2.0	2.5	3.2	4.0	5.0	5.8
电流(A)	25～40	40～60	50～80	100～130	160～210	200～270	260～300

§4.2.3　焊条直径的选择

a）一般取决于工件的厚度（表101）。

b）立焊时，焊条直径不大于5mm。

c）横焊和仰焊时，焊条直径不大于4mm。

焊条直径的选择					表 101
焊件厚度(mm)	2	3	4～5	6～12	≥13
焊条直径(mm)	2	3.2	3.2～4	4～5	4～6

d) 多道焊的首道焊缝，用焊条直径3.2～4mm。

§4.2.4 焊接热输入（焊接线能量）

一般，对药皮焊条手工电弧焊并不强调焊接热输入（焊接线能量），即控制输入到单位长度的焊缝里的热量 E（kJ/cm）。但在重要的焊接结构上，尤其在厚工件的施工时，必须强调。此时，以平角焊为例，可按图16先选定焊条直径，确定焊接电流和电弧电压，再以一根焊条焊出的焊缝长度与焊条长度之比 A_V 代表焊接速度，最后在曲线上找出在各种焊喉尺寸下的焊接热输入（焊接线能量）。对接焊也可仿此行事。

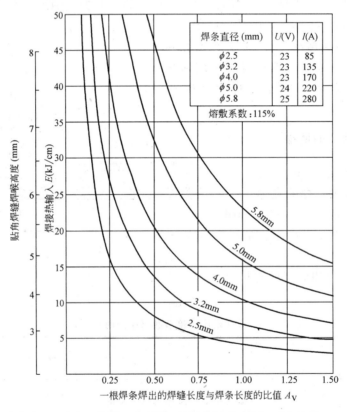

图16 药皮焊条手工电弧焊的焊接热输入与 A_V 的关系

§4.3 埋 弧 焊

§4.3.1 原理

在焊丝与工件之间施加一定的电压，并引燃电弧。电弧的热量将焊丝端部以及电弧周围的焊剂和工件的局部熔化,形成金属熔滴、金属熔池和熔渣。金属熔池受到浮于其上的熔渣和焊剂蒸气的保护,使之与外界空间隔离,免受氧气、氮气、氢气等气体的侵入。随着焊丝的前移,金属熔池冷却并凝固成焊缝,熔渣冷却后成渣壳。在整个过程中,熔渣与熔化金属发生着冶金反应,通过对焊剂的选择,可以影响焊接质量,从而保证焊缝金属的化学成分和焊接接头的力学性能;这点比药皮焊条手工电弧焊容易做到,因此可以说埋弧焊的焊接质量比药皮焊条手工电弧焊好。在整个过程中,电弧的引燃、焊丝的送进、焊丝的前移、焊剂的铺放,以及多余焊剂的回收,统统由机械来实施,因此说

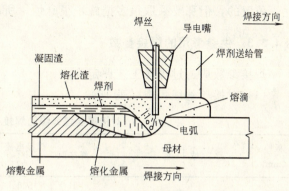

图 17 埋弧焊原理示意

埋弧焊的劳动强度比药皮焊条手工电弧焊轻得多。另外,由于焊接热输入大,埋弧焊的生产效率比药皮焊条手工电弧焊高得多。(参见图 17)。

§4.3.2 工艺要素

(1) 焊丝直径:一般用 4~5mm,焊薄钢板或小直径钢管时用 2.5~3.2mm。
(2) 焊剂铺放高度:25~50mm。
(3) 焊剂粒度:一般为 8~40 目,细的可为 14~80 目。
(4) 焊剂回收:焊剂可以反复回收使用,但反复使用时应清除飞溅颗粒、渣壳、杂物,严禁已经熔烧过的、结成块状的"焊剂"混入使用。
(5) 焊丝数目及其排列:一般用单丝,厚工件可用双丝。两根焊丝形成两支电弧;两支电弧可以共一个熔池,也可以不共熔池。双丝焊的生产效率明显地比单丝焊高。双丝焊时,前丝产生的热量可"帮助"后丝预热工件,后丝产生的热量可"帮助"前丝焊出的焊缝后热(去氢)。因此,双丝焊的焊缝和焊接接头的质量比单丝焊更易控制。国外已有多达六丝的埋弧焊。
(6) 焊丝伸出长度:一般为 20~60mm;用细焊丝焊较薄工件时,可伸出得短些,为 20~30mm。
(7) 焊接电流:主要取决于焊丝直径,两者的关系列于表 102。

不同焊丝直径适用的焊接电流范围　　表 102

焊丝直径(mm)	2.5	3.2	4	5	5.8
焊接电流(A)	200~400	350~600	500~800	700~1000	800~1200

(8) 电弧电压:应与焊接电流相适应(表 103)。

焊接电流与相应的电弧电压　　表 103

焊接电流(A)	<600	600~700	700~850	850~1000	1000~1200
电弧电压(V)	32~36	36~38	38~40	40~42	42~44

(9) 焊接速度：一般首道用 48～50cm/min，其余各道用 40～45cm/min。

埋弧焊一般用于平焊位置，可焊对接平焊、T接平焊和角接平焊；当然也有个别用于立焊位置的，但那要采取很多措施，很麻烦，所以很少用。

§4.3.3 供参考用的焊接参数

焊接参数应通过焊接工艺评定确定。

(1) 对接单丝埋弧焊 (表104)

对接单丝埋弧焊的焊接参数 (参考值)　　　　表104

板厚 (mm)	坡口形状	焊接面	焊接电流 (A)	电弧电压 (V)	焊接速度 (mm/min)	焊丝直径 (mm)	焊接热输入 (kJ/cm)
9.5	I	B F	600 650	33 33	650 650	4.8	18.3 19.8
12.5	I	B F	600 700	33 33	500 500	4.8	23.8 27.9
14	Y	B F	700 700	32 34	400 500	4.8	33.6 28.6
16	Y	B F	800 700	34 34	500 500	4.8	30.7 26.9
19	X	B F	800 850	32 32	350 400	4.8	48.0 40.1
22	X	B F	850 850	32 32	320 400	4.8	51.0 40.1
25	X	B F	850 850	32 32	300 400	4.8	54.4 40.1
28	X	B F	1100 1150	34 35	295 375	6.4	76.0 64.4
32	X	B F	1100 1150	34 35	255 375	6.4	88.0 64.4
35	X	B F	1100 1150	34 35	225 375	6.4	97.7 64.4

注：B—背面；F—正面。

(2) T接单丝埋弧焊 (船形位置，表105)

T接单丝埋弧焊的焊接参数 (参考值)　　　　表105

焊脚高度(mm)	焊丝直径(mm)	焊接电流(A)	电弧电压(V)	焊接速度(mm/min)
6	4	600～650	34～36	500～600
8	4	600～650	34～36	400～450
10	4	670～720	33～35	300～350
10	5	750～800	34～36	320～400
12	4	670～720	33～35	230～280
12	5	750～800	34～36	260～320

(3) T接全焊透单丝埋弧焊 (船形位置，表106)

T接全焊透单丝埋弧焊的焊接参数（参考值） 表106

坡口形式	焊接顺序	焊接电流(A)	电弧电压(V)	焊接速度(mm/min)	备注
≤26 55°±5° 4	正 反 堆焊层	500～550 720～780 650～700	34～36 33～35 36～38	250～350 250～350	焊丝φ4.0mm； 腹板与水平面夹角为30°～40°； 随板厚减小调节焊接速度和堆焊层数
≥26 50°±5° 4	正 反 堆焊层	500～550 720～780 650～700	34～36 33～35 36～38	250～350 250～350	焊丝φ4.0mm； 腹板与水平面夹角为30°； 根据实际情况调节堆焊层数及焊速

（4）粗单丝单道平角埋弧焊（表107）

粗单丝单道平角埋弧焊的焊接参数（参考值） 表107

焊脚尺寸(mm)	焊丝直径(mm)	电流(A)	电压(V)	速度(cm/min)	指向位置d的增减值(mm)
6	4.0	600	34	75	−1
7	4.0	600	34	60	−0.5
8	4.0	600	36	45	0
9	4.0	600	36	30	+1

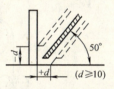

（5）细双丝多道平角埋弧焊（表108）

细双丝多道平角埋弧焊的焊接参数（参考值） 表108

焊脚尺寸(mm)	焊丝直径(mm)	电流(A)	电压(V)	速度(cm/min)	焊丝间隔(mm)	指向位置d(mm)
6	1.6	330	33	60	—	+1
6	L(1.6)	380	36	80	30～40	+3
6	T(1.6)	280	32	80	30～40	+2
8	1.6	330	33	40	—	+1
8	L(1.6)	380	36	60	30～40	+4
8	T(1.6)	280	32	60	30～40	+3

注：L—前行焊丝；T—后行焊丝。

（6）双丝对接埋弧焊（表109）

双丝对接埋弧焊的焊接参数（参考值） 表109

板厚(mm)	坡口形状 h(mm)	坡口形状 W(mm)	前行焊丝L 焊丝直径(mm)	前行焊丝L 电流(A)	前行焊丝L 电压(V)	后行焊丝T 焊丝直径(mm)	后行焊丝T 电流(A)	后行焊丝T 电压(V)	焊接速度(cm/min)	焊丝伸出长度(mm)
25	6	13	4.0	1000	33	6.4	800	45	70	前−35 后−40
30	7	16	4.0	1150	33	6.4	950	45	70	焊丝倾斜角(°) 前−0 后−25
35	8	19	4.0	1300	33	6.4	1050	45	70	
40	9	22	4.8	1400	33	6.4	1100	45	70	
45	10	25	4.8	1500	33	6.4	1150	45	70	焊丝间距离(mm) 50
50	11	28	4.8	1600	33	6.4	1200	45	65	

(7) 双丝单道平角埋弧焊（表110）

双丝单道平角埋弧焊的焊接参数（参考值） 表110

焊脚尺寸(mm)	焊丝直径(mm)	电流(A)	电压(V)	焊接速度(cm/min)	焊丝间隔(mm)	指向位置 d(mm)
6	L(4.0)	600	32	90	60	0
	T(3.2)	350	30			-3
8	L(4.0)	600	32	70	70	0
	T(3.2)	450	30			-4

§4.4 CO_2 气体保护焊

§4.4.1 原理

在焊丝和工件之间施加一定的电压，并引燃电弧。电弧的热量造成金属熔滴和金属熔池。焊丝外表不披覆药皮，也不用焊剂，所以不产生熔渣。专门的喷嘴将气体（主要是 CO_2，有时掺加一定比例的其他气体，例如氩气）保护电弧区域的熔滴和熔池，避免氧气、氮气、氢气等气体的侵入。（参见图18）。

常用的气体保护焊指实芯焊丝气体保护焊和药芯焊丝自保护焊两种，其他的几种在本行业中很少用。药芯焊丝中的焊剂除起冶金反应、调节焊缝金属的化学成分、保证焊接接头的力学性能以外，还能产生一部分气体，参与对电弧区域的熔滴和熔池的保护。

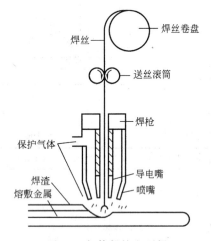

图18 气体保护电弧焊

§4.4.2 特点

（1）在气体保护焊的过程中，电弧的引燃、焊丝的送进、保护气体的喷射都实现了机械化。因此这种焊接方法的劳动强度比药皮焊条手工电弧焊轻得多，操作很方便。

（2）气体保护焊用细焊丝，电流密度大，又有保护气体的冷却作用，能使电弧能量集中，从而得到熔深较大的焊缝，同时它的生产效率是药皮焊条手工电弧焊的3～4倍。

（3）气体保护焊的焊道窄，工件加热集中，热影响区较小，因而焊接变形和残余应力都比较小。

（4）只要保护气体纯度高，含水量低，气体保护焊就在低氢状态下进行，因而焊缝中产生延迟裂纹的可能性就会比较小。

（5）在操作气体保护焊时，焊工能看清电弧，可以把电弧对准焊道，从而能获得较好的焊缝外表和内在质量。

（6）实芯焊丝气体保护焊没有焊渣；药芯焊丝自保护焊用的药芯焊丝中有少量的焊剂，它也会产生少量的焊渣，先浮在金属熔池上，凝固后成为很薄的一层渣壳，覆盖在焊缝上面。前者无渣要清,后者清渣容易,所以同药皮焊条手工电弧焊相比,焊工喜欢操作气体保护焊。

§4.4.3 工艺要素

(1) 焊接电流

在气体保护焊过程中存在三种熔滴过渡形式(图19)。

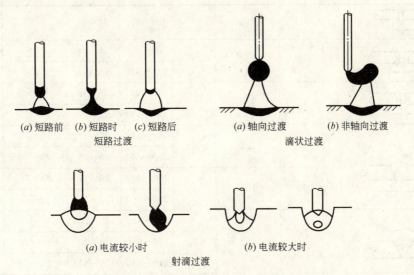

图19 气体保护焊的三种熔滴过渡形式

a) 短路过渡:只有焊丝直径 $d \leq 1.2mm$ 时才采用(表111)。

气体保护焊稳定短路过渡时不同焊丝直径的电流范围　　　　表111

焊丝直径(mm)	允许电流(A)	最佳电流(A)	焊丝直径(mm)	允许电流(A)	最佳电流(A)
0.8	60～160	60～100	1.6	110～290	110～200
1.0	70～240	70～120	2.0	120～350	120～250
1.2	90～260	90～175			

b) 滴状过渡:因对电焊机的动特性要求不高,而且焊接电流大,熔敷速度高,适用于中厚度工件的焊接(表112)。

气体保护焊不同焊丝直径时形成射滴过渡的电流范围　　　　表112

焊丝直径(mm)	焊接电流(A)	焊丝直径(mm)	焊接电流(A)
1.2	250～350	2.4	400～650
1.6	300～500	3	500～750
2.0	350～550		

(2) 电弧电压

(3) 焊接速度

(4) $CO_2 + Ar$

§4.4.4 供参考用的焊接参数

（1）实芯焊丝 CO_2 气体保护对接平焊（表113）

实芯焊丝 CO_2 气体保护对接平焊的焊接参数（参考值） 表113

坡口形状	板厚 t (mm)	焊丝直径 d (mm)	焊道数	电流 I (A)	电压 U (V)	速度 v (cm/min)	CO_2 流量 Q (L/min)
	6	1.6	1	400～430	36～38	80	15～20
	8	1.6	2	350～380	35～37	70	20～25
				400～430	36～38	70	
	12	1.6	2	400～430	36～38	70	20～25
				400～430	36～38	70	
	8	1.2	2	120～130	26～27	30～50	20
				250～260	28～30	40～50	
	10	1.2	2	130～140	26～27	30～50	20
				280～300	30～33	25～30	
	16	1.2	3	120～140	25～27	40～45	20
				300～340	33～35	30～40	
				300～340	35～37	20～30	
	19	1.2	4	120～140	25～27	40～50	25
				300～340	33～35	30～40	
				300～340	33～35	30～40	
				300～340	35～37	20～25	
	10	1.2	2	300～320	37～39	60～70	20
				300～320	37～39	60～70	
	16	1.2	4	140～160	24～26	20～30	20
				260～280	31～33	35～40	
				270～290	34～36	50～60	
				270～290	34～36	40～50	
	19	1.2	4	140～160	24～26	26～30	20
				260～280	31～33	35～45	
				300～320	35～37	40～50	
				300～320	35～37	35～40	
	16	1.6	4	400～430	36～38	50～60	25
				400～430	36～38	50～60	
	19	1.6	4	400～430	36～38	35～45	25
				400～430	36～38	35～40	

注：Ar+CO_2 保护焊时，电压比本条件低数伏。

（2）实芯焊丝 CO_2 气体保护 T 接焊（表 114）

实芯焊丝 CO_2 气体保护 T 接焊的焊接参数（参考值） 表 114

形 状	板厚 t (mm)	根部间隙 G (mm)	焊丝直径 d (mm)	电流 I (A)	电压 U (V)	速度 v (cm/min)	CO_2 流量 Q (L/min)
	2.3	3.5～4	0.9	130～150	19～20	35～40	15
	3.2	4～4.5	1.2	150～200	21～24	35～45	
	4.5	5～5.5	1.2	200～250	24～26	40～50	
	6	5～5.5	1.2	200～250	24～26	40～50	20
	8	7～8	1.2	260～300	28～34	25～35	
	12	7～8	1.2	260～300	28～34	25～35	
	2.3	3.5～4	0.9	100～150	19～20	35～40	15
	3.2	4～5	1.2	150～200	21～25	35～45	
	4.5	5～5.5	1.2	150～200	21～25	35～40	
	6	6～7	1.2	300～350	30～36	40～45	20
	8	6～7	1.2	300～350	30～36	40～45	
	12	8～9	1.6	430～450	38～40	40～45	
	2.3	—	0.9	100～130	20～21	45～50	15
	3.2	—	1.2	150～180	20～22	35～40	
	4.5	—	1.2	200～250	24～26	40～50	

注：Ar+CO_2 保护焊时，电压比本条件低数伏。

（3）实芯焊丝 CO_2 气体保护对接立焊（表 115）

实芯焊丝 CO_2 气体保护对接立焊的焊接参数（参考值） 表 115

坡口形状	板厚 t (mm)	根部间隙 G (mm)	焊丝直径 d (mm)	电流 I (A)	电压 U (V)	速度 v (cm/min)
	1.6	0	0.9	75～85	17～18	50～60
	2.3	1.3	0.9	85～90	18～19	45～50
		1.5	1.2	120～130	18～19	50～60
	4.0	2.0	1.2	140～160	19～20	35～40
	22	2.4	1.2	(1层)120	18.0	14
				(2层)140	19.5	11
				(3层)140	19.5	8.2
				(4层)140	19.5	5.5
				(5层)130	19.0	4.0

(4) 实芯焊丝 CO_2 气体保护对接横焊（表116）

实芯焊丝 CO_2 气体保护对接横焊的焊接参数（参考值） 表116

坡口形状	板厚 t (mm)	根部间隙 G (mm)	焊丝直径 d (mm)	焊道数	电流 I (A)	电压 U (V)	速度 v (cm/min)
	6	2	1.0	1	130～140	19～20	18～22
				2～	150～160	20～21	15～25
	12	2	1.0	1	130～140	19～20	18～22
				2～	150～160	20～21	15～25
	15	6	1.2	1～4	240～260	25～29	30～40
				5～	200～240	24～26	40～50

注：$Ar+CO_2$ 保护焊时，电压比本条件低数伏。

(5) 药芯焊丝自保护对接平焊和横焊一（表117）

药芯焊丝自保护对接平焊和横焊的焊接参数一（参考值） 表117

材质板厚 (mm)	坡口形式	焊丝	焊道	送丝速度 v (m/min)	焊接电压 U (V)	焊接电流 I (A)
Q345 (50)		NR-311Ni $\phi2.4$	打底	2.9～3.2	30～32	300～320
			中间	4.5～5.9	30～39	420～430
			盖面	4.2～4.6	35～38	360～380
Q235B (30)		NR-311 $\phi2.4$	打底	2.6～2.8	25～27	240～260
			中间	3.2～4.1	30～34	320～340
			盖面	2.8～3.2	26～28	250～270
Q345 (14)		NR-311 $\phi2.4$	打底	2.2～2.5	25～27	250～270
			中间	2.9～3.5	30～34	300～320
			盖面	2.6～2.8	28～29	280～300
Q235B (50)		NR-311 $\phi2.4$	打底	2.9～3.1	31～34	280～300
			中间	3.5～4.2	32～34	320～350
			盖面	2.2～2.7	27～30	240～280

（6）药芯焊丝自保护对接平焊和横焊二（表118）

药芯焊丝自保护对接平焊和横焊的焊接参数二（参考值） 表118

母材	板厚 t (mm)	坡口形式	焊丝牌号	焊丝直径 d (mm)	焊接工艺参数			
					焊接电压 U(V)	电流 I(A)	焊速 v (m/min)	焊丝伸出长 l(mm)
Q345	60	45°±5°	NR-203 Ni1%	2.0	19～21	215～275	0.28～0.9	12～18
Q345	40		NR-203 Ni1%	2.4	22～24	345～385	0.32～1.2	14～20
Q345	40	45°±5° 45°±5°	1～3层及盖面 NR-203 Ni1%	2.0	18～20	195～235	0.28～0.9	12～18
			填充 NR-311	2.4	26～29	410～530	0.52～1.55	18～32

§4.5 电 渣 焊

§4.5.1 使用场合

超高层建筑的箱型柱的断面除主要由两块翼板和两块腹板组成外，为保证足够的刚性和抗扭能力，在其与梁相连接的那个部位，以及两根梁中间那个部位，在箱型柱内设置了隔板（图20）。

翼板同隔板之间的焊接，在组成匚型后，由手工气体保护焊完成（图21）。

另一块腹板装上去后，两块腹板与隔板之间的焊接采用熔化嘴电渣焊完成。

§4.5.2 原理（图22）

以对接为例，组装工件时装上贴板，同工件作定位焊；装上铜质的引弧装置（参见图24和图25），用千斤顶顶紧。在焊道底部（即引弧装置内）放置一定量的助焊剂。往焊道里插入熔化嘴，靠熔化嘴夹头夹住。借助送丝轮把丝盘上的焊丝导入熔化嘴。在焊丝和工件之间施加一定的电压。让焊丝同引弧装置接触，并随即引燃电弧。电弧的热量将助熔剂和熔化嘴药皮一起熔化成渣池。渣池的热量将焊丝、熔化嘴和工件一起熔化成熔融金属。随着焊丝的不断送进，熔融金属不断提升，并不断地凝固成焊缝金属。

§4.5.3 超高层建筑箱形柱熔化嘴电渣焊的操作步骤

（1）焊前准备

a）设置焊道 把隔板做得窄一些，在两端留出焊道，并在其两侧装焊贴板；同时在焊道顶端和底部的翼板上各钻一个小孔（图23）。

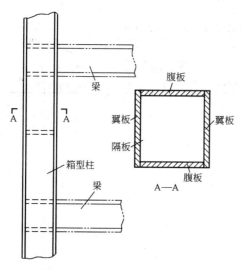

图 20 超高层建筑中的箱型柱

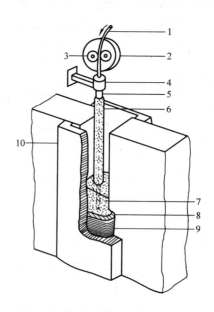

图 22 管状熔嘴电渣焊原理示意
1—焊丝；2—丝盘；3—送丝轮；4—熔化嘴夹头；5—熔化嘴；6—熔化嘴药皮；7—熔渣；8—熔融金属；9—焊缝金属；10—贴板

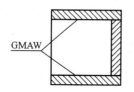

图 21 翼板同隔板的焊接

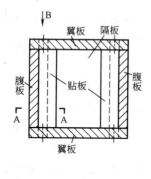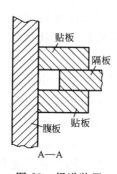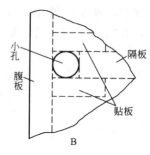

图 23 焊道装置

b) 安装引弧装置和引出器（图 24）。

引弧装置用紫铜车成，其形状示于图 25，其中尺寸 $d \geqslant$（隔板厚度＋4）mm，$D = (1.25 \sim 1.6)d$。

引出器也用紫铜车制而成（图 26）；其外盘绕紫铜管两圈，借束节接自来水，使之在焊接过程中流通不止。其内径 d 与引弧装置的尺寸 D 相匹配。

先在引弧装置的凹部撒放高约 15mm 的粒度为 $\phi 1 \times 1$mm 的引弧剂，再撒放高约 15mm 的助焊剂；然后再将整套引弧装置置于焊口下端，用手电筒从焊道上端照光找正，并用千斤顶向上顶紧。

引出器安置在焊道上端，用卡马与楔块固定。

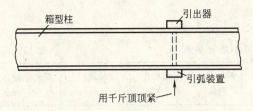

图 24 引弧装置和引出器的设置

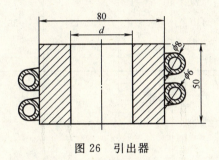

图 26 引出器

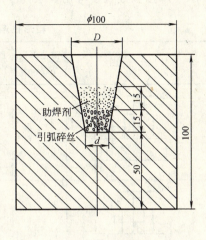

图 25 引弧装置

(2) 焊接

a) 插入熔化嘴 所谓熔化嘴实质上是一根管状焊条，即外部涂敷药皮的管子，管长 1000mm 或 700mm。

先将熔化嘴的支持端插入焊机机头的夹持口内，再转动并徐徐放下机头，将熔化嘴送入焊道，直至其底端距引弧装置里的助焊剂表面约 10mm（图 25）。

熔化嘴应通过焊机机头夹持器上的调节装置的调节，而处于焊道中心，并须使用手电筒仔细检查，确保无误。

b) 导入焊丝 装在焊机机头上的成卷焊丝，首先通过机头上的专用调节机构矫直，确认在整个焊接过程中能垂直向下输送后，方可导入熔化嘴，并伸出熔化嘴末端 5mm（图 27）。

c) 加热引弧装置 用氧乙炔火焰加热引弧装置至 70～90℃。

d) 焊接 熔化嘴电渣机启动后，焊丝送下与引弧剂短路，并随即熔化而发生电弧，电弧热熔化助焊剂，并形成渣池；利用渣池的电阻热将焊丝、熔嘴、腹板、隔板、贴板的边缘，一起熔化，形成熔池；焊丝不断送进，随着渣池的上升，熔池也不断上升，徐徐凝固成焊缝。在焊接过程中，根据渣池深度适时地从焊口上端添加助焊剂。

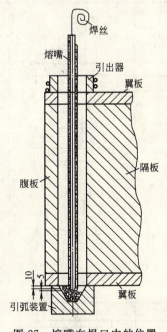

图 27 熔嘴在焊口中的位置

e) 拆除引弧装置 熔池上升到离焊道下端约 50～100mm 时，松下千斤顶，并用木锤击落引弧装置。

f) 焊缝终端清理 焊接结束后，趁热拆除引出器。焊缝冷却后再打磨光洁。

g) 焊缝起端清理 待箱型柱翻转后，将焊缝起端的熔融金属和熔渣的混合物，用氧乙炔火焰割除，并打磨光洁。

§4.5.4 焊接参数（参考用，表119）

箱形柱熔化嘴电渣焊的焊接参数 表119

序号	示 图	渣池深度 h(mm)	助焊剂添加量 W(g)	焊接电流 I(A)	焊接电压 U(V)	焊接速度 v(cm/min)	焊接热输入 E(kJ/cm)
1		45	56	410	35	2.45	351
2		45	56	400	33	2.31	343
3		35	66	410	31	1.41	541
4		35	55	380	30	1.67	410
5		44	55	395	31	1.8	408
6		35	44	380	31	1.88	376
7		35	44	390	30	2.05	343
8		35	44	370	26	2.25	257

表中的焊接电流和焊接电压数据是焊接过程进行到一半时测定的。焊接开始时电压应提高1V，电流调小10A；待到焊缝完成3/4时，电压应降低1V，电流升高10A。

焊接过程中添加的助焊剂不能过多，也不能过少。正确的添加量可按下式计算：

$W = 焊道截面积 \times 渣池深度 \times 助焊剂比重$

式中：渣池深度为35～45mm；助焊剂比重为2.5g/mm³。

另外，为了便于引燃电弧，用H08MnA焊丝剪成碎屑放在引弧装置内。

表中序号6、序号7和序号8，因为箱形柱的腹板较薄，为防止烧穿，用铜质的空心冷却器，其下端进自来水，热水从上端流出。

§4.5.5 非熔化嘴电渣焊（图28）

非熔化嘴电渣焊是熔化嘴电渣焊的改进技术。前者的非熔化嘴的外表不涂药皮，焊接时不断上升，自身不熔化。由于它用的电流密度高，焊接速度大，焊接热输入小，所以不但生产效率高，而且焊接质量好。

非熔化嘴电渣焊的焊接参数列于表120。

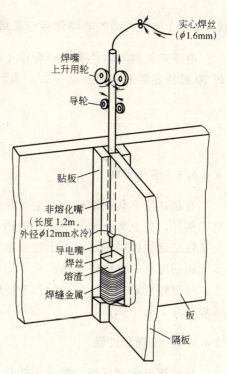

图28 非熔化嘴电渣焊方法示意

非熔化嘴电渣焊的焊接参数　　　　　　　　　　　表120

接头形状	焊丝	焊剂	工艺参数		
			电流 I(A)	电压 U(V)	送丝速度 v(m/min)
$t=32$, $t=25$	YM-55A ϕ1.6mm	YF-15	300	42～44	8

表121列出了箱形柱用的两种电渣焊的比较。

箱形柱的两种电渣焊　　　　　　　　　　　表121

方法	非熔化嘴电渣焊	熔化嘴电渣焊
坡口形状	25　25　20×25	25　25　25×25
熔化嘴类型	非熔化嘴	涂药皮熔化嘴 ϕ10mm
焊丝	中高Mn-0.2%Mo 1.6mm	中高MnO-0.5%Mo 2.4mm
焊剂	中性 MnO-SiO_2 型熔炼焊剂	中性 Mn-SiO_2 型熔炼焊剂
焊接条件	380A，44V，4cm/min	400A，41V，2.2cm/min
焊接热输入	250kJ/cm	450kJ/cm

§4.5.6 旋转晃动的非熔化嘴电渣焊

近年来又对非熔化嘴电渣焊作了改进，增设了一套小机构，让非熔化嘴在焊接过程中每20秒钟旋转并稍稍晃动一次，从而保证焊道的每一个角落都焊透。

§4.6 栓 钉 焊

§4.6.1 使用场合

在超高层建筑钢结构中，通常是把钢结构构件作为骨头，浇筑在钢筋混凝土里头（当然有例外，如上海证券大厦，它的钢构件外面就不浇筑钢筋混凝土，称为外露式钢结构）。为了保证钢构件同钢筋混凝土连接牢固，要在钢构件上用药皮焊条手工电弧焊焊上许许多多用圆钢弯成的预埋件，这道工序的焊接效率非常低，于是就有了栓钉焊这种新的焊接方法。栓钉焊可以把栓钉在一眨眼的时间里焊在钢结构构件上，焊接效率比药皮焊条手工电弧焊提高了数十倍。

§4.6.2 原理和过程

栓钉焊又称螺柱焊。先在钢构件上打好样冲孔，再往栓钉上套瓷环。然后用焊枪夹持栓钉，使栓钉顶端的铝质引弧珠对准样冲孔，并把栓钉调整到其中心线垂直于钢构件表面的位置（图29a）。再启动栓钉焊机，使引弧珠同钢构件短路，随之，焊枪会稍稍拉起栓钉，引燃电弧（图29b）。随着主电流的进入，电弧热量大大增加，将栓钉底端和钢构件的局部熔化，形成熔池，最后凝固成焊缝（图29c）。

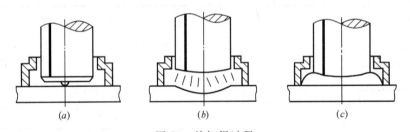

图 29 栓钉焊过程
(a) 拉弧准备；(b) 大电弧发生；(c) 焊缝形成

§4.6.3 参考用的焊接参数（表122）

栓钉焊的焊接参数（参考值）　　　表 122

焊钉规格 (mm)	电流 I(A)		时间 t(s)		伸出长度 l(mm)		提升高度 h(mm)	
	穿透焊	非穿透焊	穿透焊	非穿透焊	穿透焊	非穿透焊	穿透焊	非穿透焊
φ13		950		0.7		4		2.0
φ16	1500	1250	1.0	0.8	7~8	5	3.0	2.5
φ19	1800	1550	1.2	1.0	7~9	5	3.0	2.5
φ22		1800		1.2		6		3.0

§5 焊工资格考试

§5.1 一般的焊工资格考试

§5.1.1 考试项目、内容和适用范围

(1) 理论考试的内容

a) 焊接安全知识。

b) 焊缝符号的识别能力。

c) 焊缝外形尺寸的要求。

d) 焊接方法的表示代号。

e) 所报考试焊接方法的特点：焊接工艺参数、操作方法、焊接顺序及其对焊接质量的影响。

f) 焊接质量保证、缺陷分级。

g) 建筑钢结构的焊接质量要求。

h) 与报考类别相适应的焊接材料的型号、牌号和使用、保管要求。

i) 报考类别的钢材的型号、牌号标志、主要合金成分、力学性能和焊接性能。

j) 焊接设备、装备的名称、类别、使用和维护要求。

k) 焊接缺陷的分类及其定义、形成原因和防止措施。

操作技能考试的分类及其适应、认可范围 表123

考试分类	焊接方法分类	代号	类别号	认可范围
焊工手工操作技能基本考试 焊工手工操作技能附加考试 焊工手工操作技能定位焊考试	药皮焊条手工电弧焊	SMAW	1	1
	实芯焊丝气体保护焊	GMAW	2-1	2-1、2-2
	药芯焊丝气体保护焊	FCAW-G	2-2	2-1
	药芯焊丝自保护焊	FCAW-SS	3	3
	非熔化极气体保护焊	GTAW	4	4
机械操作技能考试	埋弧焊	SAW	5	5
	管状熔嘴电渣焊	ESW-MN	6-1	6-1
	丝极电渣焊	ESW-WE	6-2	6-2
	板极电渣焊	ESW-BE	6-3	6-3
	气电立焊	EGW	7	7
	实芯焊丝气体保护焊	GMAW-A	8-1	8-1、8-2、8-3
	药芯焊丝气体保护焊	FCAW-A	8-2	8-2、8-3
	药芯焊丝自保护焊	FCAW-SA	8-3	8-3
	一般栓钉焊	SW	9-1	9-1、9-2
	穿透栓钉焊	SW-P	9-2	9-2

注：多极焊考试合格可代替单极焊考试，反之不可。

l) 焊接热输入与焊接规范参数的换算，热输入对性能的影响。

m) 焊接应力、变形的产生原因、防止措施，热处理的一般知识。

(2) 操作技能考试

a) 考试的分类及其适应、认可范围（表123）。

b) 试件用钢材的分类及其认可范围（表124）。

常用试件钢材的分类及其认可范围 表124

类别代号	试件钢材分类	认可范围
Ⅰ	碳素结构钢 Q215、Q235	Ⅰ
Ⅱ	低合金高强度结构钢 Q295、Q345	Ⅰ、Ⅱ
Ⅲ	低合金高强度结构钢 Q390、Q420	Ⅰ、Ⅱ、Ⅲ
Ⅳ	低合金高强度结构钢 Q460	Ⅰ、Ⅱ、Ⅲ、Ⅳ

c) 考试用药皮焊条的分类及其认可范围（表125）。

考试用药皮焊条的分类及其认可范围 表125

考试用焊条类别（代号）	认可范围（代号）			
	(a) E××20 E××22 E××27	(b) E××12 E××13 E××14 E××03 E××01	(c) E××15 E××16 E××28 E××48	(d) E××01 E××11
(a) E××20类氧化铁型焊条	○	—	—	—
(b) E××12类钛型焊条	√	○	—	—
(c) E××15类低氢型焊条	√	√	○	—
(d) E××10类纤维素型焊条	—	—	—	○

注：○为考试焊条类别；√为认可焊条类型。

d) 考试用的保护气体与工程用的相同。

e) 试板（壁）的厚度及其认可范围（表126）。

f) 试管外径及其认可范围（表127）。

试板（壁）的厚度及其认可范围（mm） 表126

试件板（壁）厚度 t	认可厚度范围
$3 \leqslant t < 10$	$3 \sim 1.5t$
$10 \leqslant t < 25$	$3 \sim 3t$
$t \geqslant 25$	$\geqslant 3$

试管的外径及其认可范围（mm） 表127

试件管外径 D	认可外径范围
$D \leqslant 60$	不限
$D > 60$	$\geqslant D$

g) 考试项目可针对工程要求从表128中选定。

h) 试板的形状（图30）和尺寸（表129）。

i) 试管的形状（图31）和尺寸（表130）。

§5.1.2 考试中的检验、检测和试验

(1) 外观检验VT（表131，其他要求参见§6.4.1)

考试项目及其认可范围 表 128

焊缝类型③	资格考试 板①或管位置②	认可焊缝类型和焊接位置			
		对接焊缝④	T接焊缝	管坡口焊缝④	管角焊缝
板坡口焊缝	F	F	F	1G⑤⑥	1G,2G
	H	F,H	F,H	(1G,2G)⑤⑥	1G,2G
	V	F,H,V	F,H,V	(1G,2G)⑤⑥	1G,2G
	O	F,O	F,O	1G	1G
	V 和 O	所有位置	所有位置	所有位置⑤⑥ 以及部分焊透圆形、矩形管 T、Y 及 K 形节点	所有位置
管坡口焊缝	1G	F	F,H	1G⑥	1G,2G
	2G	F,H	F,H	(1G,2G)⑥	1G,2G
	5G	F,V,O	F,V,O	(1G,2G,5G)⑥	1G,2G,5G
	6G	所有位置	所有位置	所有位置⑥	所有位置
	2G 和 5G	所有位置	所有位置	所有位置⑥	所有位置
	6GR	所有位置	所有位置	所有位置⑦ 以及圆形、矩形管 T、Y 及 K 形相贯接头焊缝	所有位置

注：①—见图 30；
②—见图 31；
③—坡口焊缝的考试也可作为相应位置角焊缝的考试；
④—全焊透坡口焊缝的考试也认可部分焊透坡口焊缝的考试；
⑤—对管材时只作为认可直径大于 600mm 并带有垫板或清根的管坡口焊缝的考试；
⑥—不得作为 T、Y 及 K 形节点相贯接头焊缝的认可；
⑦—不得作为单面焊而又无垫板对接焊的全焊透接头的认可。

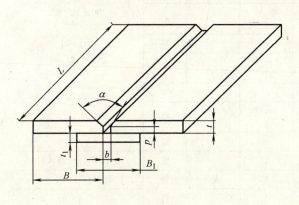

图 30 试板的形状

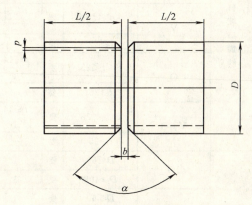

图 31 试管的形状

试 板 的 尺 寸 表 129

试件厚度 t(mm)	试件长度 L(mm)	试件宽度 B(mm)	垫板尺寸 $B_1 \times t_1$(mm)	坡口尺寸					
				角度 α(°)		间隙 b(mm)		钝边 p(mm)	
				不带垫板	带垫板	不带垫板	带垫板	不带垫板	带垫板
8≤t<25	≥200	≥110	50×6	60±2.5	45±2.5	1~2	6±1	≤2	≤1
≥25	≥250	≥120	50×6	60±2.5	45±2.5	1~2	6±1	≤2	≤1

(2) 超声波检测 UT（表 132，其他要求参见 §6.4.2）

(3) 射线检测 RT（表 132，其他要求参见 §6.4.2）

试管的尺寸（不加垫板单面焊）　　　　　　　　　　　　　　　　　　　　表130

管径 D(mm)	壁厚 t(mm)	试件长度 L(mm)	V形坡口角度 α(°)	间隙 b(mm)	钝边 p(mm)
≤60	3～6	≥240	≤70	2～3	≤2
≥108	<10	≥240	≤70	2～3	≤2

考试焊缝外观检验的主要要求（mm）　　　　　　　　　　　　　　　　　　表131

试件种类	焊缝余高		长25mm内焊缝的高低差		焊缝的宽度	
	F、1G位置	其他位置	F、1G位置	其他位置	比坡口增宽	每侧增宽
板材	0～3	0～4	≤2	≤3	2～4	1～2
管材	0～2	0～3	≤1.5	≤2.5	2～3	1～2

试板（试管）的检验、检测和试验要求　　　　　　　　　　　　　　　　　表132

考试焊缝种类	考试试件位置代号	试板厚度或试管外径(t或D)(mm)	外观	面弯	背弯	侧弯	射线或超声波	试板(管)尺寸 长×宽×块数 (长×壁厚×段数)(mm)
板材坡口焊缝	F	8≤t<25	要	t≤14 为1	t≤14 为1	t>14 为2	要	8≤t<25 时 200×110×2 t≥25 时 250×120×2
		t≥25	要	—	—	2	要	
	H	8≤t<25	要	t≤14 为1	t≤14 为1	t>14 为2	要	
		t≥25	要	—	—	2	要	
	V	8≤t<25	要	t≤14 为1	t≤14 为1	t>14 为2	要	
		t≥25	要	—	—	2	要	
	O	8≤t<25	要	t≤14 为1	t≤14 为1	t>14 为2	要	
		t≥25	要	—	—	2	要	
	V+O	8≤t<25	要	t≤14 为1	t≤14 为1	t>14 为2	要	
		t≥25	要	—	—	2	要	
管材坡口焊缝	1G	D≤60	要	1	1	—	要	120×(4～6)×2
		D≥108	要	1	1	或2	要	120×(8～10)×2
	2G	D≤60	要	1	1	—	要	120×(4～6)×2
		D≥108	要	1	1	或2	要	120×(8～10)×2
	5G	D≤60	要	2	2	或4	要	120×(4～6)×2
		D≥108	要	2	2	或4	要	120×(8～10)×2
	6G	D≤60	要	2	2	或4	要	120×(4～6)×2
		D≥108	要	2	2	或4	要	120×(8～10)×2
	6GR	D≤60	要	2	2	或4	要	120×(4～6)×2
		D≥108	要	2	2	或4	要	120×(8～10)×2
	2G+5G	D≤60	要	2G为1 5G为2	2G为1 5G为2	2G为2 5G为4	要	120×(4～6)×2
		D≥108	要	2G为1 5G为2	2G为1 5G为1	2G为2 5G为4	要	120×(8～10)×2

注：对 D≤60mm 的管试件，可按《焊接接头弯曲及压扁试验法》（GB 2653）要求进行压扁试验。

（4）考板的弯曲试验（图32）

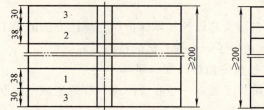

图32　从考板上截取弯曲试样
1—面弯；2—背弯；3—舍弃；4—侧弯

（5）考管的弯曲试验（图33）

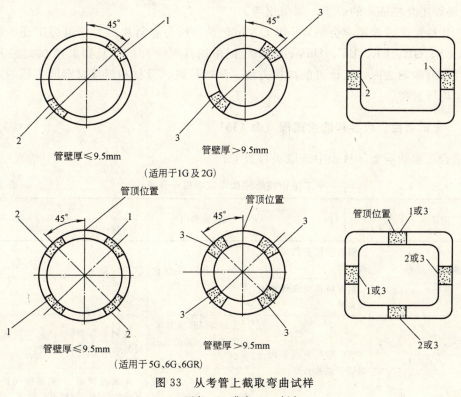

图33　从考管上截取弯曲试样
1—面弯；2—背弯；3—侧弯

§5.2　手工操作技能附加考试

§5.2.1　缘由

在建造超高层建筑钢结构的过程中，出现过持证焊工上不了岗的情况。究其原因不外乎两点，其一是焊工在数十、数百米的高空的平、横、立、仰各种位置施焊时，因恐高而无法像在平地操作那样灵活自如；其二是这类钢结构的接头往往是组合式的，例如梁同柱的连接接头既是T接，又类似于对接，跟一般考试采用的单项并不一样，焊工一时难以适应。

于是以药皮焊条手工电弧焊和半自动实芯焊丝气体保护焊为焊接方法的手工操作技能附加考试（又称加障碍考试），便应运而生了。这种考试的特点是：

(1) 把坡口钢板的对接焊同T接接头的角焊捏在一起。

(2) 在考板上设置了一些障碍，给焊工施加一些心理障碍，故意造成一些麻烦，强迫他们去承受并加以克服。

(3) 限定焊工在蹲的姿势下施焊，以进一步适应高空中难以预料的困难条件。

§5.2.2 报考资格

(1) 凡参加过本地的§5.1所述一般的焊工资格考试，合格，并持有在有效期内的《工程建设焊工合格证》的焊工，都可报考。

(2) 凡持有美国焊接学会AWS焊工考试记录、压力容器和压力管道焊工证、船舶焊工（含CCS、GL、LR、BV、DnV、ABS）证中的任何一种的，只要其考试结果是合格的，并且在有效期之内，其认可的焊接方法、焊接位置、母材和焊接材料同工程的需要是相同的，均可报考。

§5.2.3 考试项目、内容和适用范围（表133）

可结合工程的需要，从表中选取项目报考。

手工操作技能附加考试项目一览表 表133

序号	分类	焊接位置	内容	加障碍的内容	适用于 制作	适用于 安装	图号
1 (1)	钢板搭接角焊+对接焊	平F	钢板搭接平面焊+对接平焊	垂直于焊缝长度方向			34
1 (2)	钢板搭接角焊+对接焊	立V	钢板搭接立角焊+对接立焊	垂直于焊缝长度方向			35
2 (1)	对接焊+T接角焊	平F	坡口钢板对接平焊+钢板T接横角焊	①沿焊缝长度方向 ②垂直于焊缝长度方向	柱同牛腿翼板的焊接	柱同梁翼板的焊接	36
2 (2)	对接焊+T接角焊	平F	坡口钢板对接平焊+钢板T接横角焊	垂直于焊缝长度方向	梁翼板同梁翼板的焊接	梁翼板同梁翼板的焊接	37
2 (3)	对接焊+T接角焊	横H	坡口钢板对接横焊+钢板T接横角焊	①沿焊缝长度方向 ②垂直于焊缝长度方向	柱同牛腿翼板的焊接	柱同牛腿翼板的焊接	38
2 (4)	对接焊+T接角焊	横H	坡口钢板对接横焊+钢板T接横角焊	垂直于焊缝长度方向	柱同柱的焊接	柱同柱的焊接	39
2 (5)	对接焊+T接角焊	立V	坡口钢板对接立焊+钢板T接立角焊	①沿焊缝长度方向 ②垂直于焊缝长度方向	柱同牛腿翼板的焊接	—	40
2 (6)	对接焊+T接角焊	仰O	坡口钢板对接仰焊+钢板T接仰角焊	垂直于焊缝长度方向	—	柱同梁翼板的焊接	—

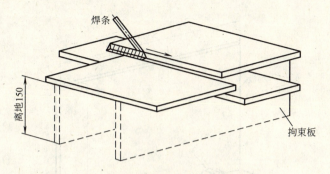

图 34　钢板搭接平角焊＋对接平焊

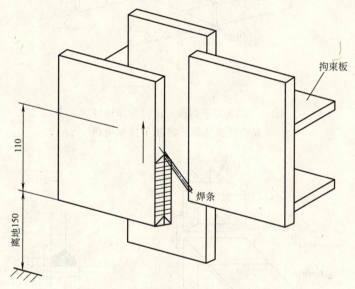

图 35　钢板搭接立角焊＋对接立焊

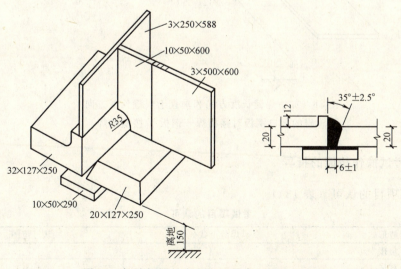

图 36　加治焊缝长度方向和垂直于焊缝长度方向
障碍的坡口钢板对接平焊＋钢板 T 接横角焊

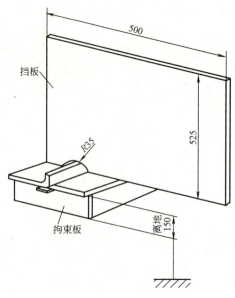

图 37　加垂直于焊缝长度方向障碍的坡
口钢板对接平焊＋钢板 T 接横角焊

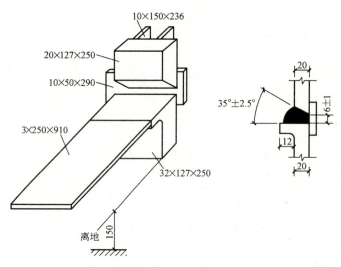

图 38　加沿焊缝长度方向和垂直于焊缝长度方向
障碍的坡口钢板对接横焊＋钢板 T 接横角焊

§5.2.4　对考试操作技能的指导

（1）考试项目的认可（表134）

考试项目的认可　　　　　　　表134

焊缝形式	焊缝形式代号	认可范围
角接	C	C
对接	B	B、C
对接与角接组合焊缝	C_b	C_b、B、C

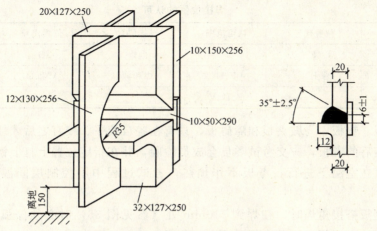

图 39　加垂直于焊缝长度方向障碍
的钢板对接横焊＋钢板 T 接横角焊

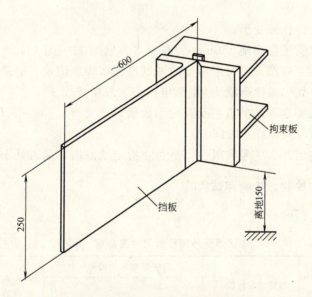

图 40　加治焊缝长度方向和垂直于焊缝长度方向障碍
的坡口钢板对接立焊＋钢板 T 接立角焊

（2）搭接角焊缝项目中的对接（图 41）
（3）对接＋T 接的坡口（图 42）
（4）焊接位置的认可（表 135）

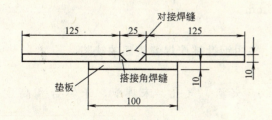

图 41　搭接角焊缝项目中的对接

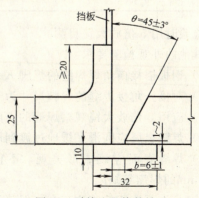

图 42　对接＋T 接的坡口

焊接位置的认可 表135

焊接位置	位置代号	认可范围	焊接位置	位置代号	认可范围
平焊	F	F	仰焊	O	F、O
横焊	H	F、H	立焊和仰焊	V和O	F、H、V、O
立焊	V	F、H、V			

(5) 考板、垫板、马鞍夹板和障碍板，只有在各自校平、校直之后才能参与组装。

(6) 组装后的考板，应交考试委员会成员检验，并在指定位置上打上钢印认可。

(7) 考试在室温下进行，考板不作预热，考试过程中不控制层间温度，焊后不作后热。

(8) 考钢板搭接角焊时，在焊到110mm处（参见图35）时必须停弧并更换焊条一次。打底使用$\phi 4$mm焊条，其余焊道$\phi 5$mm焊条。

(9) 考钢板搭接角焊（图1）时，必须先焊一侧，冷却后再焊另一侧，再冷却后再焊上面的对接焊缝。

(10) 考板不准许作反变形。

(11) 考板一律安置在离地150mm的高度（参见图34～图40）。

(12) 考试委员会应派人对每个考员的考试过程作详细记录。记录内容应包括：

a) 焊接工艺参数（焊接电流I、电弧电压U、焊接速度v）。

b) 药皮焊条或实芯焊丝的直径及其使用数量。

c) 焊接的起始时间和终止时间。

d) 焊接设备的名称、牌号和极性，是否在检定期限内，是否处于完好的运转状态。

§5.2.5 考试中的检验、检测和试验

(1) 外观检验 (136)

考试焊缝外观检验的主要要求（mm） 表136

余高偏差		焊缝宽度比坡口单侧增宽值	角接焊脚尺寸偏差		25mm长度内焊缝表面凹凸差	150mm长度内焊缝表面宽度差
对接、角接	对接与角接组合焊缝		差值	不对称		
0～3	0～5	1～3	0～3	(0～1)+0.1×焊脚尺寸	≤2.5	≤3

检验时用5倍放大镜目测。

其他的外观检验要求：

1) 钢板搭接横角焊焊缝的焊脚$K=5～10$mm。

2) 对接+角接焊缝的焊脚尺寸为8mm。

3) 应用5倍放大镜观察焊缝的表面质量，并用钢针挑挖焊缝表面的缺陷。

4) 焊缝金属应圆滑平缓地过渡到母材。

5) 焊缝表面应该成形美观，不得有裂纹、夹渣、气孔、未焊满、未熔合和高度>1.5mm的焊瘤等缺陷。

6) 允许不连续的咬边存在，但其深度（以及表面凹陷的深度）不得>0.5mm，焊缝

两侧咬边的总长不应超过该条焊缝长度的10%，且不应＞25mm。

7) 钢板搭接角焊焊缝的不连续咬边的深度应控制在0.3~0.5mm之内。

8) 考板焊后的角变形不应大于3°。

9) 焊缝端头的错边量应不＞考板厚度的10%，且不得＞2mm。

10) VT不合格的考板不能转入UT、RT和机构性能试验。

(2) 无损检测（表137）

考试焊缝的检验、检测和试验项目　　　　　　　表137

试件形式	试件厚度(mm)	外观检验	无损探伤	侧弯	背弯
对接+T接角焊	≥25①	要	射线或超声波	4个	—
搭接角焊	~10	要	—	—	2个

注：①认可板厚不限。

1) 如用超声波检测，应达到GB 11345—89的BⅠ级。

2) 如用射线检测，应达到GB 3323的Ⅱ级。

(3) 力学试验（表136）

1) 搭接角焊缝的背弯试样的取样（图43）。

2) 对接焊+T接角焊的侧弯试样的取样（图44），图中1为侧弯试样，3为舍弃部分。

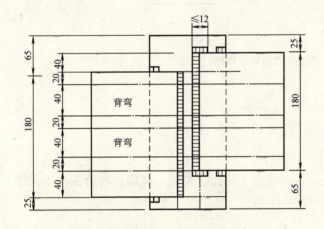

图43　搭接角焊缝的背弯试样的取样

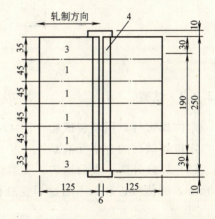

图44　对接+T接角焊的侧弯试样的取样

3) 弯曲试验的角度是180°；每个试样上任意方向的裂纹和其他缺陷的单个长度不得大于3mm；每个试样中长度不大于3mm的缺陷的总长不得大于7mm；4个试样中所有缺陷的总长不得大于24mm。

注：一般的焊工考试也可仿照此节做检查、检测和试验。

§5.3　定位焊考试

定位焊只采用药皮焊条手工电弧焊。

§5.3.1 试件代号（图45）

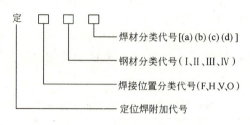

图45 定位焊的试件代号

§5.3.2 试板及焊缝（图46）

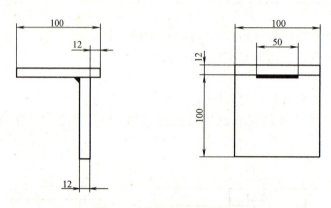

图46 定位焊的试板及焊缝

§5.3.3 试验

定位焊试件只用断裂试验（图47）。

定位焊试件的合格标准是：

（1）焊缝外观：表面均匀；无裂纹；无未熔合、气孔、夹渣、焊瘤；咬边深度不大于0.5mm，两侧咬边总长不超过焊缝总长的10％。

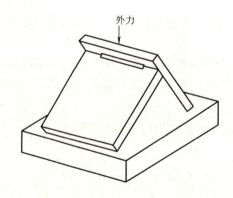

图47 定位焊试件的断裂试验

(2) 断面：焊缝焊到根部，不得有未熔合和直径大于 1mm 的气孔和夹渣。

§5.4 电渣焊考试

§5.4.1 试件及其试样的截取（图 48，无论熔化嘴电渣焊，非熔化嘴电渣焊，还是旋转晃动的非熔化嘴电渣焊，均可按此考试；图中 1 表示侧弯试样）

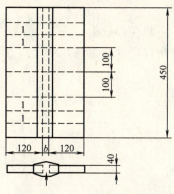

图 48 电渣焊试样的截取

§5.4.2 试样的合格标准

侧弯180°；每个试样上任意方向的裂纹和其他缺陷的单个长度不得大于 3mm；每个试样中长度不大于 3mm 的缺陷的总长不得大于 7mm；4 个试样中所有缺陷的总长不得大于 24mm。

§5.5 栓钉焊考试

§5.5.1 试件和试样（图 49a 和 b）

W 的参考尺寸为 $\geqslant 80$mm。

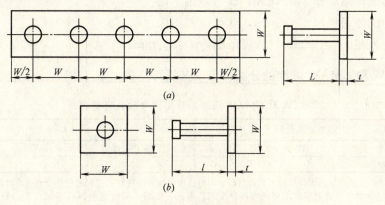

图 49 栓钉焊的试件和试样

§5.5.2 试件焊缝的外观质量（表138）

栓钉焊接头外观质量的合格标准与外形尺寸的允许偏差　　表138

外观检验项目	合格标准或允许偏差
焊缝形状	360°范围内，焊缝高＞1mm，焊缝宽＞0.5mm
焊缝缺陷	无裂纹、无气孔、无夹渣
焊缝咬边	咬边深度＜0.5mm
焊钉焊后高度	焊后高度允许偏差±2mm

§5.5.3 试件的试验

(1) 拉伸试验（图50），不应断在焊缝上。

(2) 打弯试验（图51），应在打弯（或扳弯）30°后，焊缝及其热影响区内无裂纹。

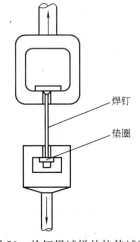
图50　栓钉焊试样的拉伸试验

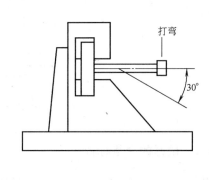
图51　栓钉焊试样的打弯试验

§5.6 埋弧焊SAW和实芯焊丝气体保护焊GMAW的一般考试

§5.6.1 试件的厚度及其认可范围

(1) 对接试件用板厚 $t \geqslant 25$mm，认可范围不限。

(2) T接试件用板厚 $t \geqslant 12$mm，认可范围不限。

(3) 试管外径 $D \geqslant 108$mm，认可范围为 $D \geqslant 89$mm。

§5.6.2 SAW和GMAW焊缝的分类代号及其认可范围（表139）

SAW和GMAW焊缝的分类代号和认可范围　　表139

焊缝类型	焊缝类型代号	认可范围[1]	焊缝类型	焊缝类型代号	认可范围[1]
板材坡口焊	B	B G[2] C	板材T接角焊	C	C
管材坡口焊	G	B G C			

注：[1] 机械操作工经全焊透坡口焊接考试合格后，同时获得以该方法在考试位置进行部分焊透坡口焊和角焊的资格。
　　[2] 在平焊或横焊位置经板材全焊透坡口焊接工艺考试合格后，同时也获得在考试位置进行直径大于600mm管材坡口焊的资格。

§5.6.3 SAW 和 GMAW 的焊接位置代号及其认可范围（表140）

SAW 和 GMAW 的焊接位置代号及其认可范围 表140

考试位置		位置代号		认可范围	
板材	管材	板材	管材	板材	管材
坡口平焊、船形焊	管子水平滚动	F	1G	F	1G
坡口横焊、平角焊	管子垂直固定焊	H	2G	H	2G
立焊	管子水平固定焊	V	5G	V	5G

§5.6.4 SAW 和 GMAW 试件的尺寸和试样的取样位置（图52）

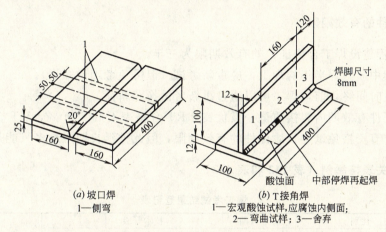

(a) 坡口焊
1—侧弯

(b) T接角焊
1—宏观酸蚀试样,应腐蚀内侧面；
2—弯曲试样；3—舍弃

图52 SAW 和 GMAW 试件的尺寸和试样的取样位置

§5.6.5 试件的检查、检测和试验

（1）焊缝的外观检查（表131和表141）

焊缝外形尺寸的允许偏差（mm） 表141

对接焊缝余高	焊缝宽度比坡口宽度每侧增宽值	T接角接焊缝焊脚尺寸(h_f)	
		差值	不对称
0～4	1～3	$\Delta h_f \leqslant 3$	$\leqslant 1+0.1 \times h_f$

（2）无损检测

UT 应达到 GB 11345—89 的 BⅠ级，RT 应达到 GB 3323 的 Ⅱ级。

（3）弯曲试验

a）板材对接：SAW 的侧弯2个；GMAW 的侧弯4个。

b）板材T接：面弯1个。

c）管材对接：面弯1个，背弯1个，或侧弯2个。

弯到180°后，试样上任意方向的裂纹及其他缺陷的单个长度应不大于3mm，并且单个试样上裂纹及其他缺陷的总长应不大于7mm。

（4）宏观酸蚀试验仅限于板材T接角焊缝，应显示无裂纹和超标的其他缺陷。

§5.7 发 证

§5.7.1 发证的权威机构

《工程建设焊工合格证》的颁发机构是省、市级的有关部门及建设部门委托的行业协会。

§5.7.2 证件的适用范围

《工程建设焊工合格证》在工程建设行业上适用。至于其他行业是否也适用，可根据实际情况，协商酌定。

§5.7.3 证件的有效期限

（1）《工程建设焊工合格证》的有效期限为三年。
（2）持续中断施焊半年的焊工，应重新考试（但可免考理论知识）。
（3）有效时间终止前，焊工可以通过重新考试换获新证。
（4）在证件有效期内焊接质量一贯优良，RT合格率不低于90%，UT合格率不低于98%的焊工，有资格免试延长原证件的有效期限，但此种延长期限最多只能是三年。

§5.7.4 有关表格举例（表142和表143）

焊工考试结果登记表　　　　　　　　　　　表142

姓名		性别		出生日期		技术等级			
单位						编号		照片	
理论知识考试	试题来源					课时数			
	审核监考单位					考试负责人			
	考试编号			成绩			日期		
操作技能考试	基本情况	焊接方法			试件形式			位置	
		钢材类别			钢材牌号			厚度（管径）	
		焊接材料			焊丝直径			焊剂（保护气）	
	工艺参数	电流			电压			热输入	
		预热制度			层间温度			后热制度	
		叠道层数			道次			清根（垫板）	
	试板检验	外观检查	角变形		错边量		焊缝余高	咬边	表面缺陷	评定结果
		无损检测方法			执行标准			评定等级	
					件数			评定结果	
		破坏检验	冷弯项目	面弯					
				背弯					
				侧弯					
			断面				宏观		
		监考人员			检验			考试负责人	
结论	按建筑钢结构焊接技术规程考核，该焊工_____项考试合格。该焊工允许焊接工作范围如下：								
	焊接方法				钢材类别			企业焊工技术考试委员会（签章）年 月 日	
	焊材类别				厚度范围				
	焊接位置				构件形式				
	技术负责人（签字）				焊接工程师（签字）				

工程建设焊工合格证　　　　　　　　　　表143

封1　　　　　　　　　　　　　　　　　　封2

```
┌─────────────────────────┐    ┌──────────────────────────────────┐
│                         │    │ 姓  名：____                     │
│                         │    │ 性  别：____         ┌────────┐  │
│   工程建设焊工合格证    │    │ 年  龄：____         │照片左下│  │
│                         │    │ 编  号：____         │侧盖工作│  │
│                         │    │ 工作单位：____       │单位钢印│  │
│                         │    │         ____         └────────┘  │
│   ____焊工技术考试委员会│    │ ____焊工技术考试委员会(公章)     │
│                         │    │ 焊工钢印号____                   │
│                         │    │ 发证日期    年    月    日       │
│                         │    │ 有效期     年  月  日            │
└─────────────────────────┘    └──────────────────────────────────┘
```
　　　　　　　　　　　　首页　　　　　　　　　　　　　　　2页

理论知识考试

方法类别	考试日期	成绩	签发人

操作技能考试

焊接方法	试件代号	厚度管径	日期	结果	签发人

　　　　　　　　　　　　3页　　　　　　　　　　　　　　　4页

本证书授予操作范围
焊接方法 _____
接头类别(板对接、角接、管件) _____

钢材类别 _____
焊材类别 _____
厚度管径范围 _____
焊接位置 _____
单(双)面焊 _____
　　　　　　　____焊工技术考委会

日常工作质量记录*
　　　　年月至年月
产品或工程名称 _____
焊接方法 _____
接头类型 _____
焊接位置 _____
焊材型(牌)号 _____
检验记录档案号 _____
合格率 _____

* 也可由企业另作记载备查,至少每半年记载一次。

　　　　　　　　　　　　5页　　　　　　　　　　　　　　（封底里）

免试证明
该焊工在　年　月至　年
　月期间从事上述认可类别产品或工程的焊接,其施焊质量符合本规程免试条件,准予延长有效期至
　年　月　日
　　　____焊工技术考试委员会

注意事项
1　本证仅限证明焊工技术能力用。
2　此证应妥为保存,不得转借他人。
3　此证记载各项,不得私自涂改。
4　超过有效期限,本证无效。

§6 焊接工艺评定 PQR

§6.1 PQR 的含义

通过对焊成的试件作外观检查、无损检测和机械性能试验，得出一系列数据。在确认这些数据全部合格后，可以断定该试件所使用的全套焊接参数是完全正确的、切合本工程实际的、可以放心使用的。这样一个过程叫做焊接工艺评定，即 Welding Procedure Qualification Test。焊接工艺评定结束后，要整理出一份焊接工艺评定报告，即 Report of Welding Procedure Qualification Test，简称 PQR。PQR 是焊接工艺评定报告，这是确定无疑的。然而，由于约定俗成的关系，同行们通常却把"焊接工艺评定"这件事称作 PQR 了。

§6.2 必须做 PQR 的范围

§6.2.1 凡应用国内首次应用于钢结构工程的钢材，包括钢材的牌号和标准虽然相同，但微合金强化元素的类别不同，供货状态不同的钢材，或虽用国外钢号，但在国内生产的钢材，都必须在制作和安装之前做 PQR。

§6.2.2 凡应用国内首次应用于钢结构工程的焊接材料，在制作和安装之前必须做 PQR。

§6.2.3 凡钢材类别、焊接材料、焊接方法、接头形式、焊接位置、焊后热处理条件、焊接参数，以及预热、层间（道间）温度控制、后热措施等，有一项为施工单位首次采用的，都必须在制作和安装前做 PQR。

§6.3 PQR 的可替代与不可替代

本节回答施工单位以前在其他工程上做过的 PQR，可不可以替代（或包罗，或涵盖）本工程，即本工程可不可以免做某项 PQR 的问题。

§6.3.1 焊接方法改变

不同焊接方法的 PQR 是不能互相替代的。

§6.3.2 钢材类别（表144）的改变

钢结构常用钢材的分类　　　　　表 144

类别号	钢材级别	类别号	钢材级别
Ⅰ	Q215,Q235	Ⅲ	Q390,Q420
Ⅱ	Q295,Q345	Ⅳ	Q460

注：如采用国内的新钢材，或采用国外钢材，可依据其化学成分、力学性能和焊接性能归入相应的级别。

(1) 总的原则是不同类别钢材的PQR不能互相替代。

(2) 但是，在Ⅰ、Ⅱ类当中，在强度和冲击吸收功的级别发生变化时，高级别钢材的PQR可以替代低级别的。

(3) Ⅲ、Ⅳ类钢的焊接难度大，其PQR绝对不准互相替代。

(4) 不同类钢材组合焊接时，不得用单类钢材的PQR替代，必须专门地做一次PQR。

§6.3.3 接头形式变化

(1) 接头形式变化时，原则应重做PQR。

(2) 但例外之一是，十字接头的PQR可替代（或包罗，或涵盖）T型接头的。

(3) 例外之二是，全焊透或部分焊透的T型或十字型接头的对接与T接组合焊缝的PQR，可以替代（或包罗，或涵盖）T接角焊缝的。

§6.3.4 试件厚度及其适用范围（表145）

PQR的厚度及其适用范围　　　　表145

焊接方法类别号（参见表144）	PQR的厚度 t(mm)	适用范围 t_{min}(mm)	适用范围 t_{max}(mm)
1,2,3,4,5,8	≤25	0.75t	2t
	≥25	0.75t	1.5t
6,7	不限	0.5t	1.1t
9	≥12	0.5t	2t

§6.3.5 板材对接的PQR可替代（或包罗，或涵盖）外径 D>600mm管材对接的

§6.3.6 试件的焊后热处理条件必须与制作或安装的要求相同

§6.3.7 焊接参数的变化

首先应按表146认定焊接方法，然后再研讨采用各种焊接方法时，焊接参数发生变化后，原PQR还可不可以用。

焊接方法的分类　　　　表146

类别号	焊接方法	代号	类别号	焊接方法	代号
1	手工电弧焊	SMAW	6-3	板极电渣焊	ESW-BE
2-1	半自动实芯焊丝气体保护焊	GMAW	7-1	单丝气电立焊	EGW
2-2	半自动药芯焊丝气体保护焊	FCAW-G	7-2	多丝气电立焊	EGW-D
3	半自动药芯焊丝自保护焊	FCAW-SS	8-1	自动实芯焊丝气体保护焊	GMAW-A
4	非熔化极气体保护焊	GTAW	8-2	自动药芯焊丝气体保护焊	FCAW-GA
5-1	单丝自动埋弧焊	SAW	8-3	自动药芯焊丝自保护焊	FCAW-SA
5-2	多丝自动埋弧焊	SAW-D	9-1	穿透栓钉焊	SW-P
6-1	熔嘴电渣焊	ESW-MN	9-2	非穿透栓钉焊	SW
6-2	丝极电渣焊	ESW-WE			

(1) 药皮焊条手工电弧焊 SMAW，除下列原因要重做 PQR 以外，均可不重做：

a) 熔敷金属抗拉强度的级别变化；

b) 由低氢型焊条改为非低氢型焊条；

c) 焊条直径增大 1mm 以上。

(2) 熔化极气体保护焊 GMAW，除下列原因要重做 PQR 以外，均可不重做：

a) 实芯焊丝与药芯焊丝互换；

b) 药芯焊丝的气保护与自保护互换；

c) 单一保护气体类别的变化；

d) 混合保护气体的混合种类和比例的变化；

e) 保护气体的流量增加 25% 以上或减少 10% 以上；

f) 半自动与自动的变换；

g) 焊接电流的变化超过 10%，电弧电压的变化超过 7%，焊接速度的变化超过 10%。

(3) 埋弧焊 SAW，除下列原因要重做 PQR 以外，均可不重做：

a) 焊丝变化；

b) 焊剂变化；

c) 多丝焊与单丝焊互换；

d) 添加和不添加冷焊丝的变化；

e) 电流的种类或极性的变化；

f) 焊接电流的变化超过 10%，电弧电压的变化超过 7%，焊接速度的变化超过 15%。

(4) 电渣焊 ESW，除下列原因要重做 PQR 以外，均可不重做：

a) 板极与丝极互换；

b) 熔化嘴与非熔化嘴互换；

c) 熔化嘴的截面积变化大于 30%；

d) 熔化嘴的牌号变更；

e) 焊丝的直径变更；

f) 助焊剂的型号变换；

g) 单侧剖口与双侧剖口的变换；

h) 电流的种类或极性变化；

i) 焊接的"恒压"与"恒流"的变换；

j) 焊接电流的变化超过 20%，送丝速度的变化超过 40%，焊接速度的变化超过 20%，焊接电压的变化超过 10%；

k) 熔化嘴或非熔化嘴的垂直度的变化超过 10°；

l) 用水冷却与不用水冷却的改变；

m) 助焊剂用量的变化超过 30%。

(5) 栓钉焊 SW，除下列原因应重做 PQR 以外，均可不重做：

a) 栓钉直径变化；

b) 栓钉尖端的铝质引弧珠的变化；

c) 瓷环的材质及规格的变化；

d) 焊机或焊枪的变更；
e) 被焊钢材在Ⅰ、Ⅱ类以外的变化；
f) 非穿透焊与穿透焊的变换；
g) 被穿透板的厚度、镀层厚度、镀层种类的改变；
h) 焊接电流的变化超过10%，焊接时间为1s以上时的变化超过0.2s，1s以下时的变化超过0.1s；
i) 栓钉在焊枪上的伸出长度的变化超过1mm；
j) 栓钉在焊接过程中的提升高度的变化超出1mm；
k) 焊接位置偏离平焊位置15°以上的变化；
l) 立焊位置与仰焊位置的变换。

(6) 以上各种焊接方法，如遇下列任一情况而必须重做PQR以外，均可不重做：
a) 坡口形状超出规程；
b) 坡口尺寸超出允许偏差；
c) 板厚变化超出适用范围（参见表145）；
d) 有无衬垫板的变换；
e) 清根与不清根的变化；
f) 最低预热温度下降15℃以上；
g) 最高层间（道间）温度增高50℃以上；
h) 改变焊接位置；
i) 焊后热处理的条件发生变化。

§6.4 PQR的操作

§6.4.1 PQR焊接接头形式的分类（表147）

PQR焊接接头形式的分类　　　　　　　　　　表147

接头形式	代号	接头形式	代号
对接接头	B	十字接头	X
T形接头	T		

§6.4.2 PQR焊接位置的分类（表148及图53、图54、图55）

PQR焊接位置的分类　　　　　　　　　　表148

焊接位置		代号	焊接位置		代号
板材	平	F	管材	水平转动平焊	1G
	横	H		竖立固定横焊	2G
	立	V		水平固定全位置焊	5G
	仰	O		倾斜固定全位置焊	6G
				倾斜固定加挡板全位置焊	6GR

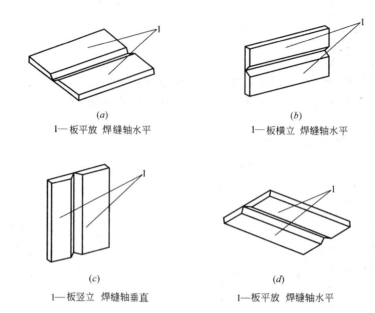

(a) 1—板平放 焊缝轴水平
(b) 1—板横立 焊缝轴水平
(c) 1—板竖立 焊缝轴垂直
(d) 1—板平放 焊缝轴水平

图 53 板材对接接头焊接位置示意
(a) 平焊位置 F；(b) 横焊位置 H；(c) 立焊位置 V；(d) 仰焊位置 O

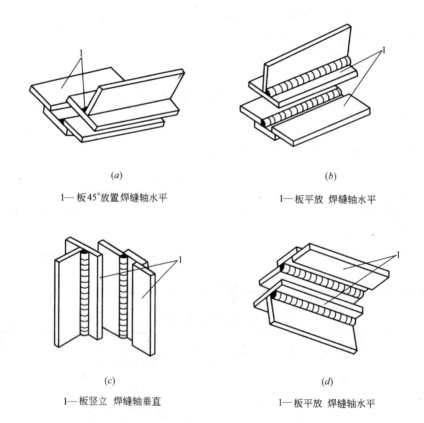

(a) 1—板45°放置 焊缝轴水平
(b) 1—板平放 焊缝轴水平
(c) 1—板竖立 焊缝轴垂直
(d) 1—板平放 焊缝轴水平

图 54 板材角接接头焊接位置示意
(a) 平焊位置 F；(b) 横焊位置 H；(c) 立焊位置 V；(d) 仰焊位置 O

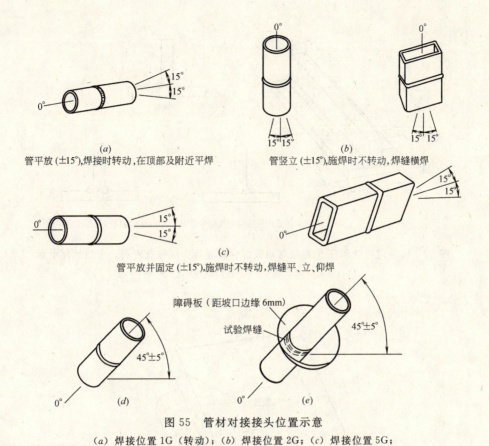

图 55 管材对接接头位置示意

(a) 焊接位置 1G（转动）；(b) 焊接位置 2G；(c) 焊接位置 5G；
(d) 焊接位置 6G；(e) 焊接位置 6GR（T、K 或 Y 形连接）

§6.4.3 试件准备及试样截取（图 56、图 57、图 58、图 59、图 60、图 61、图 62、图 63 和图 64）

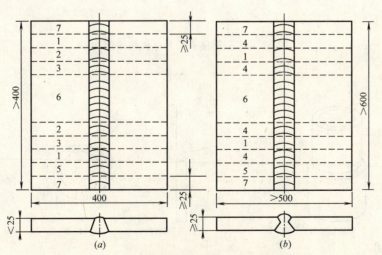

图 56 板材对接接头试件及试样示意

(a) 不取侧弯试样时；(b) 取侧弯试样时

1—拉力试件；2—背弯试件；3—面弯试件；4—侧弯试件；5—冲击试件；6—备用；7—舍弃

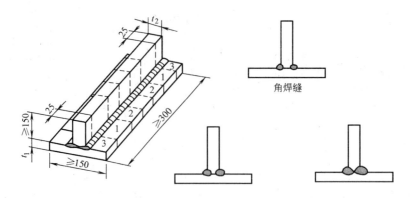

部分焊透的角接与对接组合焊缝　全焊透的角接与对接组合焊缝

图 57　板材角焊缝和 T 形对接与角接组合焊缝接头试件及宏观、弯曲试样示意
1—宏观酸蚀试样；2—弯曲试样；3—舍弃

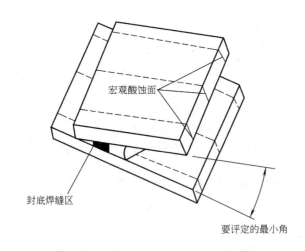

图 58　斜 T 形接头示意（锐角跟部）

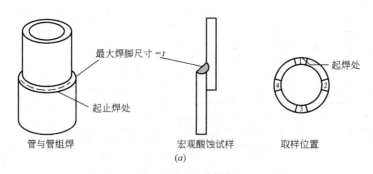

图 59　管材角焊缝致密性检验取样位置示意（一）
(a) 圆管套管接头与宏观试样

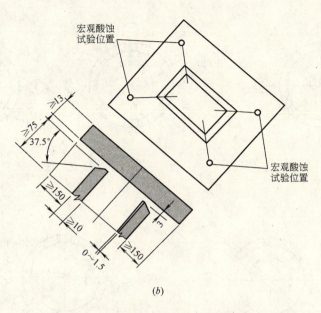

(b)

图 60 管材角焊缝致密性检验取样位置示意（二）
(b) 矩形管 T 形角接和对接与角接组合焊缝接头及宏观试样

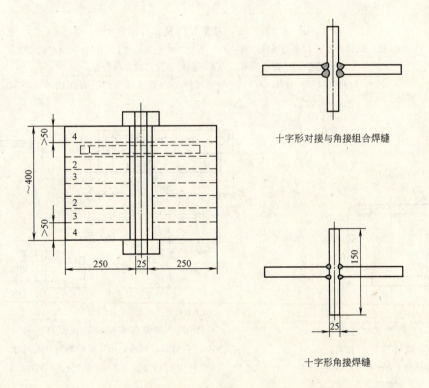

十字形对接与角接组合焊缝

十字形角接焊缝

图 61 板材十字形角接（斜角接）及对接与角接
组合焊缝接头试件及试样示意
1—宏观酸蚀试样；2—拉伸试样；3—弯曲试样；4—舍弃

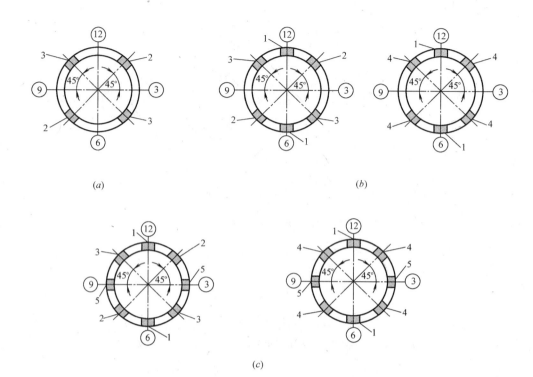

图 62 管材对接接头试件及试样示意

（a）拉力试样为整管时弯曲试样位置；（b）不要求冲击试验时；（c）要求冲击试验时

③⑥⑨⑫—钟点记号，为水平固定位置焊接时的定位

1—拉伸试样；2—面弯试样；3—背弯试样；4—侧弯试样；5—冲击试样

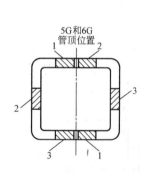

图 63 矩形管材对接
接头试样位置示意

1—拉伸试样；2—面弯或侧弯
试样；3—背弯或侧弯试样

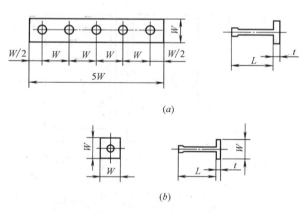

图 64 栓钉焊焊接试件及试样示意

（a）栓钉焊接试件；（b）试件的形状及尺寸

L—焊钉长度；$t \geqslant 12mm$；$W \geqslant 80mm$

电渣焊的试件及试样，以及栓钉焊的打弯试样的试件和试样，与焊工考试相同，参见图 48 和图 49。

§6.4.4 试件的无损检测要求和试样数量（表149）

试件的无损检测要求和试样数量　　　　　表149

母材形式	试件形式	试件厚度(mm)	无损探伤	全断面拉伸	拉伸	面弯	背弯	侧弯	T形与十字形接头弯曲	冲击[3] 焊缝	冲击[3] 热影响区粗晶区	宏观酸蚀及硬度[4][5]
板、管	对接接头	<14	要	管2[1]	2	2	2	—	—	3	3	—
		≥14	要	—	2	—	—	4	—	3	3	—
板、管	板T形、斜T形和管T、K、Y形角接头	任意	—	—	—	—	—	—	板2	—	—	板2[6]、管4
板	十字形接头	≥25	要	—	2	—	—	—	2	3	3	2
管-管	十字形接头	任意	要	2[2]	—	—	—	—	—	—	—	4
管-球												2
板-焊钉	栓钉焊接头	底板≥12	—	5	—	—	—	—	5	—	—	—

注：① 管材对接全截面拉伸试样适用于外径小于或等于76mm的圆管对接试件，当管径超过该规定时，应按图59或图60截取拉伸试件。
② 管-管、管-球接头全截面拉伸试样适用的管径和壁厚由试验机的能力决定。
③ 冲击试验温度按设计选用钢材质量等级的要求进行。
④ 硬度试验根据工程实际需要进行。
⑤ 圆管T、K、Y形和十字形相贯接头试件的宏观酸蚀试样应在接头的趾部、侧面及跟部各取一件；矩形管接头全焊透T、K、Y形接头试件的宏观酸蚀应在接头的角部各取一个，详见图60。
⑥ 斜T形接头（锐角根部）按图58进行宏观酸蚀检验。

§6.4.5 试样的机械加工要求

（1）拉伸、弯曲和冲击试样按常规执行相应的标准。

（2）宏观酸蚀试验（图65）应注意，每个试样只能观察一个面。

（3）T形接头的宏观酸蚀试验要求见图66。

（4）十字形接头：

a）拉伸试样（图67）；

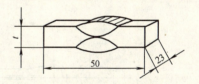

图65　对接接头的宏观酸蚀

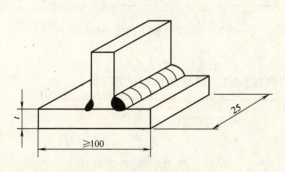

图66　T形接头的宏观酸蚀试验

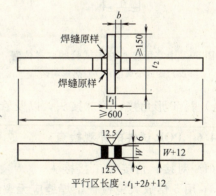

图67　十字形接头的拉伸试样
t_2—试验材料厚度；b—根部间隙；$t_2<36$mm时$W=35$mm，$t_2≥36$时$W=25$mm；
平行区长度：$t_1+2b+12$

b）弯曲试样（图 68）；

十字形对接与角接组合焊缝接头　　　　十字形角焊缝接头

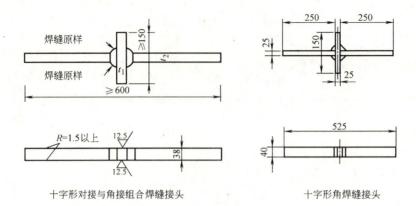

图 68　十字形接头的弯曲试样

c）冲击试样（图 69）；

d）十字形接头的宏观酸蚀试样（图 70）；

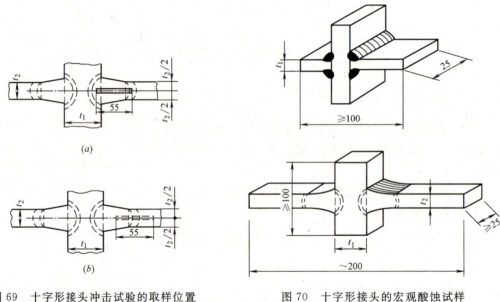

图 69　十字形接头冲击试验的取样位置

（a）焊缝金属区；（b）热影响区

图 70　十字形接头的宏观酸蚀试样

e）斜 T 形角接，管球接头，以及管-管相贯接头的宏观酸蚀试样仿图 66。

§6.4.6　PQR 试件的外观检查

（1）对接、角接和 T 接接头

a）用 5 倍放大镜检查，焊缝应无裂纹、未熔合、焊瘤、气孔、夹渣等缺陷；

b）咬边深度不应超过 0.5mm，咬边总长度不应超过焊缝两侧总计长度的 15%；

c）焊缝的外形尺寸应符合表 150。

（2）栓钉焊焊缝的外观检查要求同其焊工考试（参见表 151）。

对接、角接及T形接头焊缝外形尺寸的允许偏差（mm）　　表150

焊缝余高偏差			焊缝宽度比坡口每侧增宽	角焊缝焊脚尺寸偏差		焊缝表面凹凸高低差 在25mm焊缝长度内	焊缝表面宽度差 在150mm焊缝长度内
不同宽度(B)的对接焊缝	角焊缝	对接与角接组合焊缝		差值	不对称		
B<15时为0~3，15≤B≤25时为0~4，25<B时为0~5	0~3	0~5	1~3	0~3	0~1+0.1倍焊脚尺寸	≤2.5	≤5

栓钉焊接头外观检验的合格标准　　表151

外观检验项目	合格标准	外观检验项目	合格标准
焊缝外形尺寸	360°范围内：焊缝高>1mm；焊缝宽>0.5mm	焊缝咬肉	咬肉深度<0.5mm
焊缝缺陷	无裂纹、无气孔、无夹渣	焊钉焊后高度	高度允许偏差±2mm

§6.4.7　PQR试件的无损检测

（1）RT，应达到GB 3323的Ⅱ级。

（2）UT，应达到GB 11345—89的BⅠ级。

§6.4.8　PQR试样的试验

（1）拉伸：试样应断在母材上，并不低于母材抗拉强度的下限值。

（2）弯曲：面弯和背弯的试样的厚度应为试件的全部厚度；侧弯试样的厚度规定为10mm，试样的宽度应为试件的全部厚度（当试件厚度超过38mm时，应分层取样，即从0~20mm取一个试样，再从21~38mm另取一个试样）；弯曲角度应为180°；弯曲部位上任何方向的裂纹及其他缺陷的单个长度不得大于3mm，任何方向不大于3mm的裂纹和其他缺陷的总计长度不得大于7mm，4个试样的各种缺陷的总计长度不得大于24mm。

（3）十字形接头的弯曲：弯芯直径应为试件厚度的4倍；弯曲角度应为60°；弯曲部位应无裂纹和其他明显的缺陷（参见图71）。

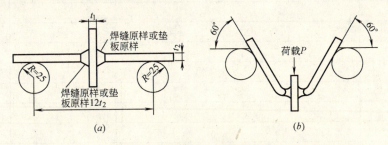

图71　十字形接头的弯曲试验
(a) 原始弯辊间距及弯辊尺寸；(b) 加载方式及弯曲角度

（4）栓钉焊试样的打弯试验同其焊工考试（参见图51）。

（5）冲击试验执行相应的标准。

（6）宏观酸蚀试验按相应标准进行，酸蚀面上的焊缝、熔合线及热影响区内不应有肉眼能见到的裂纹及未熔合等缺陷。

（7）硬度试验按相应的标准进行，Ⅰ、Ⅱ类钢材的焊缝、熔合线及热影响区内的硬度最高值不宜超过HV350，Ⅲ、Ⅳ类钢材则应按工程要求，另行确定。

§6.5 焊接工艺评定报告的撰写

（1）一般的格式：

a）封面（表152）；

b）目录（表153），在需要提交多份PQR时，排目录用；只需要提交一份PQR时，不用；

建筑钢结构焊接工艺评定报告　　　　　　　　　表152

编号：＿＿＿＿＿＿＿＿＿＿＿

编制：＿＿＿＿＿＿＿＿＿＿＿

焊接责任

工程师：＿＿＿＿＿＿＿＿＿＿＿

批准：＿＿＿＿＿＿＿＿＿＿＿

单位：＿＿＿＿＿＿＿＿＿＿＿

日期：＿＿＿＿年＿＿＿＿月＿＿＿＿日

焊接工艺评定报告目录　　　　　　　　　表153

序　号	报　告　名　称	报告编号	页　数
1			
2			
3			
4			
5			
6			
7			
8			
9			
10			
11			
12			
13			
14			
15			
16			
17			
18			
19			
20			

c) 焊接工艺评定报告正文（表154），PQR成功与否在此页上作结论；

焊接工艺评定报告　　　　　　　　　　　　　　　　　　　　　　　　　　表154

共　　页第　　页

工程(产品)名称					评定报告编号					
委托单位					工艺指导书编号					
项目负责人					依据标准				《建筑钢结构焊接技术规程》(JGJ 81)	
试样焊接单位					施焊日期					
焊工		资格代号				级别				
母材钢号		规格			供货状态			生产厂		

化学成分和力学性能

	C (%)	Mn (%)	Si (%)	S (%)	P (%)	σ_s (MPa)	σ_b (MPa)	δ_5 (%)	ψ (%)	A_{kv} (J)
标准										
合格证										
复验										

碳当量				公式			

焊接材料	生产厂	牌号	类型	直径(mm)	烘干制度(℃×h)	备注
焊条						
焊丝						
焊剂或气体						

焊接方法		焊接位置		接头形式	
焊接工艺参数	见焊接工艺评定指导书	清根工艺			
焊接设备型号		电源及极性			
预热温度(℃)		层间温度(℃)		后热温度(℃)及时间(min)	
焊后热处理					

评定结论：本评定按《建筑钢结构焊接技术规程》(JGJ 81)规定，根据工程情况编制工艺评定指导书、焊接试件、制取并检验试样、测定性能，确认试验记录正确，评定结果为：____。焊接条件及工艺参数适用范围按本评定指导书规定执行。

评定		年　月　日	评定单位：	(签章)
审核		年　月　日		
技术负责		年　月　日		年　月　日

d) 事前编写的焊接工艺评定指导书（表155），其中的焊接工艺参数由焊接责任工程师初定；

焊接工艺评定指导书

表 155

共　　页第　　页

工程名称				指导书编号				
母材钢号		规格		供货状态			生产厂	
焊接材料	生产厂		牌号		类型	烘干制度(℃×h)		备注
焊条								
焊丝								
焊剂或气体								
焊接方法				焊接位置				
焊接设备型号				电源及极性				
预热温度(℃)		层间温度			后热温度(℃)及时间(min)			
焊后热处理								

接头及坡口尺寸图	焊接顺序图

焊接工艺参数	道次	焊接方法	焊条或焊丝		焊剂或保护气	保护气流量(l/min)	电流(A)	电压(V)	焊接速度(cm/min)	热输入(kJ/cm)	备注
			牌号	ϕ(mm)							

技术措施	焊前清理		层间清理	
	背面清根			
	其他:			

编制		日期	年 月 日	审核		日期	年 月 日

e) 焊接工艺评定记录表（表 156），在 PQR 现场据实记录；

f) 焊接工艺评定检验结果（表 157）；

焊接工艺评定记录表 表156

共　页第　页

工程名称				指导书编号			
焊接方法		焊接位置		设备型号		电源及极性	
母材钢号		类别		生产厂			
母材规格				供货状态			

接头尺寸及施焊道次顺序	焊接材料				
	焊条	牌号		类型	
		生产厂		批号	
		烘干温度(℃)		时间(min)	
	焊丝	牌号		规格(mm)	
		生产厂		批号	
	焊剂或气体	牌号		规格(mm)	
		生产厂			
		烘干温度(℃)		时间(min)	

施焊工艺参数记录

道次	焊接方法	焊条(焊丝)直径(mm)	保护气体流量(l/min)	电流(A)	电压(V)	焊接速度(cm/min)	热输入(kJ/cm)	备注

施焊环境		室内/室外		环境温度(℃)		相对湿度		%
预热温度(℃)			层间温度(℃)		后热温度		时间(min)	
后热处理								
技术措施	焊前清理				层间清理			
	背面清根							
	其他							
焊工姓名		资格代号		级别		施焊日期		年　月　日
记录		日期	年　月　日	审核		日期		年　月　日

焊接工艺评定检验结果										表 157
										共　页第　页

非 破 坏 检 验				
试验项目	合格标准	评定结果	报告编号	备注
外观				
X光				
超声波				
磁粉				

拉伸试验		报告编号			弯曲试验		报告编号		
试样编号	σ_s (MPa)	σ_b (MPa)	断口位置	评定结果	试样编号	试验类型	弯心直径 D(mm)	弯曲角度	评定结果
							$D=$	α	
							$D=$	α	
							$D=$	α	
							$D=$	α	

冲击试验	报告编号			宏观金相	报告编号	
试样编号	缺口位置	试验温度(℃)	冲击功 A_{kv}(J)	评定结果:		
				硬度试验	报告编号	
				评定结果:		

其他检验:

检验		日期	年　月　日	审核		日期	年　月　日

g) 附件。后附试件材料的质量证明文件的复印件、各种焊接材料和辅助材料的质量证明文件的复印件、焊接材料的烘焙记录、焊缝的外观检查记录、所采用的无损检测的检测报告、所采用的力学性能试验和宏观酸蚀试验的试验报告、焊工的资质证明文件的复印件、焊接设备的鉴定证明文件的复印件，等等。每页均应编号码，整份装订成册。

(2) 作为特例的栓钉焊的格式：

a) 封面（同表152）；

b) 目录（同表153），解释同§6.5.1（1）b）；

c) 报告正文（表158），PQR合格与否在此页上作结论；

栓钉焊焊接工艺评定报告　　　　　表 158

共　　页第　　页

工程(产品)名称				评定报告编号		
委托单位				工艺指导书编号		
项目负责人				依据标准		
试样焊接单位				施焊日期		
焊工		资格代号			级别	
施焊材料		牌号	规格	热处理或表面状态		备　注
母材钢号						
穿透焊板材						
焊钉钢号						
瓷环牌号				烘干制度(℃×h)		
焊接方法		焊接位置		接头形式		
焊接工艺参数			见焊接工艺评定指导书			
焊接设备型号			电源及极性			

备注：

评定结论：
　　本评定按　　　　　规定，根据工程情况编制工艺评定指导书、焊接试件、制取并检验试样、测定性能，确认试验记录正确，评定结果为：
　　焊接条件及工艺参数适用范围应按本评定指导书规定执行

评定	年　月　日	检测评定单位：	(签章)
审核	年　月　日		
技术负责	年　月　日		年　月　日

d) 事先编写的栓钉焊焊接工艺评定指导书（表159），其中的焊接工艺参数由焊接工程师初定；

栓钉焊焊接工艺评定指导书

表 159

共　页第　页

工程名称					指导书编号			
焊接方法					焊接位置			
设备型号					电源及极性			
母材钢号		类别		厚度(mm)			生产厂	

接头及试件形式		施焊材料					
		穿透焊钢材	牌号				
			生产厂				
			表面镀层				
			规格(mm)				
		焊钉	牌号		规格(mm)		
			生产厂				
		瓷环	牌号		规格(mm)		
			生产厂				
			烘干温度℃及时间(min)				

焊接工艺参数	序号	电流(A)	电压(V)	时间(s)	伸出长度(mm)	提升高度(mm)	备注

技术措施	焊前母材清理	
	其他:	

编制		日期	年 月 日	审核		日期	年 月 日

　　e) 栓钉焊焊接工艺评定记录表（表 160）；
　　f) 栓钉焊焊接工艺评定试样检验结果（表 161）；

栓钉焊焊接工艺评定记录表

表 160

共　页第　页

工程名称				指导书编号			
焊接方法				焊接位置			
设备型号				电源及极性			
母材钢号		类别		厚度(mm)		生产厂	

接头及试件形式	施焊材料			
	穿透焊钢材	牌号		
		生产厂		
		表面镀层		
		规格(mm)		
	焊钉	牌号		规格(mm)
		生产厂		
	瓷环	牌号		规格(mm)
		生产厂		
		烘干温度℃及时间(min)		

施焊工艺参数记录

序号	电流(A)	电压(V)	时间(s)	伸出长度(mm)	提升高度(mm)	环境温度(℃)	相对湿度(%)	备注

技术措施	焊前母材清理	
	其他：	

焊工姓名		资格代号		级别		施焊日期	年 月 日
编制		日期	年 月 日	审核		日期	年 月 日

栓钉焊焊接工艺评定试样检验结果

表 161

共　　页第　　页

焊缝外观检查

检验项目	实测值(mm)				规定值(mm)	检验结果
	0°	90°	180°	270°		
焊缝高					>1	
焊缝宽					>0.5	
咬边深度					<0.5	
气孔					无	
夹渣					无	

拉伸试验	报告编号			
试样编号	抗拉强度 σ_b(MPa)	断口位置	断裂特征	检验结果

弯曲试验	报告编号			
试样编号	试验类型	弯曲角度	检验结果	备　注
	锤击	30°		
	锤击	30°		
	锤击	30°		

其他检验：

检验		日期	年　月　日	审核		日期	年　月　日

g）后附试件钢材的质量证明文件的复印件、栓钉的质量证明文件的复印件、瓷环的质量证明文件的复印件、瓷环的烘焙记录、焊工资质证明文件的复印件、栓钉焊焊缝的外观检查记录、栓钉焊试样的打弯试验报告、焊机鉴定证明文件的复印件，等等。每页都要编号，整份装订成册。

§6.6　焊接工艺文件的编制

焊接工艺文件 Welding Procedure Specification（简称 WPS），同焊接工艺评定报告

PQR，是不同的两种资料。后者是通过试验取得一系列合格的、适用于本工程的焊接工艺参数。前者则是针对本工程的钢结构制作或安装过程中的焊接的指导文件。绝不能因为前者列入了后者中的焊接工艺参数而用后者来替代前者。

焊接工艺文件 WPS 应包括下列内容：

(1) 工程概况；
(2) 焊接的重点、难点和对策；
(3) 焊接接头的形式；
(4) 焊接坡口的形式、尺寸和清洁要求；
(5) 母材材质和规格；
(6) 焊接材料的品种、牌号和规格；
(7) 焊接材料的烘焙要求；
(8) 焊接接头的组装要求；
(9) 预热要求；
(10) 层间（道间）温度控制要求；
(11) 后热（去氢）要求；
(12) （如有需要）焊后热处理要求；
(13) 打底、中间、盖面三种焊道的焊接工艺参数（含焊条或焊丝直径，焊接电源种类及极性，焊接电流，电弧电压，焊接速度，保护气体种类、配比及流量，焊丝伸出长度，等等），这些数据来自 PQR；
(14) 防止焊接变形的措施（含焊接方向、焊接顺序、工件翻转次数等等）；
(15) 消除焊接应力和变形的措施；
(16) 焊缝外观检查的要求；
(17) 焊缝无损检测的方法和要求；
(18) （如有需要）焊缝产品试板（又称拖带试板）的检查、检测和试验要求；
(19) 其他。

§7 焊接通用工艺

§7.1 焊接材料同母材的匹配

这个匹配的原则是，务必使焊缝金属的强度、塑性和韧性同母材相当，或者更确切地说，使之略高于母材。另外，还应充分注意到近年来我国的焊接材料工业已经取得了长足的进展，可以尽可能多地选用国内产品，也可以多向外方推荐，让他们放心地选用我国的焊接材料。

表55、表64和表59分别罗列了药皮焊条手工电弧焊SMAW、实芯焊丝气体保护焊GMAW和埋弧焊SAW的焊接材料同母材的匹配资料。

§7.2 坡口及其周边的清洁

抹去油渍，烘去水渍，铲去油漆等污垢，磨去锈斑直至呈现金属光泽（图72）。气割边缘必须磨去0.5mm厚的脆化层。

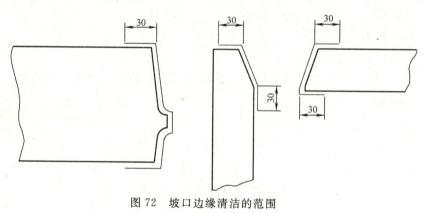

图72 坡口边缘清洁的范围

§7.3 焊接材料的烘焙

§7.3.1 药皮焊条

（1）酸性焊条：使用前应烘焙到150℃，保温1h，然后存放在手提式保温筒内，随用随取。4h内未用完的焊条，可退库再烘焙。

（2）碱性低氢型焊条：使用前应烘焙到350℃，保温2h，然后存放在手提式保温筒内，随用随取。4h内未用完的焊条，可退库再烘焙。

§7.3.2 焊剂

(1) 熔炼型焊剂（如 HJ330、HJ331、HJ431）：使用前应烘焙到250℃，保温1h。焊剂只准在大气中暴露4h，过时的应重新烘焙，但最多只允许烘焙两次。

(2) 烧结型焊剂（如 SJ101、SJ301）：使用前应烘焙到300～350℃，保温2h。焊剂只准在大气中暴露4h，过时的应重新烘焙，但最多只允许烘焙两次。

§7.3.3 药芯焊丝

焊前应经烘焙，而且宜用钢制焊丝盘。

§7.3.4 熔化嘴

使用前应经100℃左右的烘焙。

§7.3.5 瓷环

使用前应经100℃的烘干。

§7.4 焊机的保养和鉴定

焊机外表应保持清洁。焊机的导线应保持绝缘。焊机的电源特性和电流、电压调节功能应保持正常。大企业的焊机应由本企业的计量部门每三年检查和鉴定一次，小企业可委托省市级计量部门每三年检查和鉴定一次。每次鉴定后应在焊机上贴上证明标签。

§7.5 工件的组装（表162）

组装的容许偏差 表162

序号	项目	示意图	容许偏差(mm)
1	对接接头 错边 Δ 间隙 a 坡口角度 α 钝边 p		$\Delta \leqslant \delta/10$,且不大于2 $a \leqslant 2.0$ $\Delta \alpha \leqslant -5°$ $\Delta p = \pm 1.0$

续表

序号	项目	示意图	容许偏差(mm)
2	T形接头间隙 a		$a \leqslant 1$
3	搭接长度 a 间隙 Δ		$\Delta a \leqslant \pm 5.0$ $\Delta \leqslant -1.0$
4	T型接头根部间隙 Δa		埋弧焊: $-2 \leqslant \Delta a \leqslant +2$ 手工焊、气体保护焊: $-2 \leqslant \Delta a$
5	熔化嘴电渣焊接头间隙 a 错边 Δ		$a \leqslant 0.5$ Δ^{+2}_{-0}
6	焊接 H 型钢高度 h 翼板垂直度 Δ 腹板中心偏移 e		$h \leqslant 2000, -1 \leqslant \Delta h \leqslant 2$ $h > 2000, -2 \leqslant \Delta h \leqslant 3$ 梁 $\Delta \leqslant b/100$,且不大于 3.0 柱 $\Delta \leqslant b/300$,且不大于 3.0 $e < 2$
7	间隙 Δ		$\Delta \leqslant 1.5$
8	型钢接合部错位 Δ 其他部位 Δ'		$\Delta \leqslant 1.0$ $\Delta' \leqslant 2.0$

续表

序号	项目	示意图	容许偏差(mm)
9	箱形截面 高度 h 宽度 b 垂直度 对角线 L_1 与 L_2 之差 两腹板至翼 缘板中心线 距离 a 连结处 其他处		$-1 \leqslant \Delta h \leqslant 2$ $-1 \leqslant \Delta b \leqslant 2$ $\Delta < h/200$,且不大于 2≤2.5 $-0.5 \leqslant \Delta a \leqslant 0.5$ $-1 \leqslant \Delta a \leqslant 1.5$
10	封头板与 H 梁端边 倾斜 Δ		$h/300$,且不大于 2
11	牛腿与柱连接 立面倾斜 Δ		$L \leqslant 300, \Delta \leqslant 1$ $L > 300, \Delta \leqslant 2$
12	牛腿与柱连接 平面倾斜 Δ_1		$L \leqslant 300, \Delta_1 \leqslant 1$ $L > 300, \Delta_1 \leqslant 2$
13	柱高度 Δh 柱牛腿间距 Δh_1 Δh_2 Δh_3		$h < 10\text{m}, \Delta h \leqslant 3$ $h \geqslant 10\text{m}, \Delta h \leqslant 4$ (Δh 可在吊装时作临时调整) $-3 \leqslant \Delta h_1 \leqslant 3$ $-3 \leqslant \Delta h_2 \leqslant 3$ $-3 \leqslant \Delta h_3 \leqslant 3$

续表

序号	项目	示意图	容许偏差(mm)
14	接头的错位差 e		$\delta_1 \leqslant \delta_2$ 情况下 $\delta_1 \leqslant 20$ 时,$e \leqslant \delta_1/6$ $\delta_1 > 20$ 时,$e \leqslant 3$ $\delta_1 > \delta_2$ 情况下 $\delta_1 \leqslant 20$ 时,$e \leqslant \delta_1/5$ $\delta_1 > 20$ 时,$e \leqslant 4$
15	法兰盘与管端倾斜 Δ 管件弯曲 f 管件高度 h		$D \leqslant 1500, \Delta \leqslant 3$ $D > 1500, \Delta \leqslant D/500$ $f < L/1500$,且不大于 5.0 $\Delta h \leqslant \pm 3$

组装时要注意:
(1) H 型钢的翼板拼接缝同腹板拼接缝,至少要错开 200mm;
(2) H 型钢的翼板的拼接长度不应小于其宽度的 2 倍;
(3) H 型钢的腹板的拼接宽度不应小于 300mm,拼接长度不应小于 600mm;
(4) 吊车梁和吊车桁架不允许下挠;
(5) 顶紧接触面应有 75% 以上的面积紧贴,用 0.3mm 的塞尺检查,塞入面积必须小于 25%,边缘间隙不应大于 0.8mm;
(6) 桁架构件的轴线应交汇于节点,其允许偏差不得大于 3mm;
(7) 钢结构安装焊缝坡口的允许偏差(表 163)。

安装焊缝坡口的允许偏差　　　　　表 163

项目	允许偏差	项目	允许偏差
坡口角度	±5°	钝边	±1.0mm

§7.6　定位焊和预热后的定位焊

(1) 定位焊焊工应持证上岗。
(2) 定位焊多半采用药皮焊条手工电弧焊,也可以采用实芯焊丝气体保护焊,它们应用的焊接参数与正式焊接相同。
(3) 定位焊用的焊条应经烘焙,其烘焙要求同正式焊接。

(4) 定位焊缝的厚度不宜过大，以焊牢为原则，如担心焊得不牢，可加长定位焊缝的长度，缩小定位焊缝的间距。

(5) 定位焊缝的长度宜大于 40mm。

(6) 定位焊缝的间距宜为 500～600mm。

(7) 特别注意，待作定位焊的坡口及其两侧各 30mm 范围内应做好表面清洁工作，其要求同正式焊接。

(8) 特别注意，厚工件必须同正式焊接一样，在施行定位焊接作预热，其要求同正式焊接。此点至为重要，千万疏忽不得。

(9) 定位焊缝不准留有弧坑，也不准残留飞溅物。

(10) 如定位焊缝不符合要求，应用碳弧气刨刨去，并打磨光洁，重新施焊。禁止留存不合要求的定位焊缝。

§7.7 引弧板和引出板

(1) 引弧板和引出板都必须成对地使用，严禁单块地使用引弧板和引出板。

(2) 引弧板和引出板可只用 Q235 作原材料。

(3) 引弧板和引出板的坡口必须同工件的坡口完全一致，并用同一种方法制作，同一种方法打磨，同一种方法做好清洁工作。严禁用碳弧气刨方法开制或修正引弧板和引出板的坡口。

(4) 引弧板和引出板必须同工件一样作预热（在工件有预热要求时），其预热温度可略高于正式焊接。

(5) 埋弧焊、实芯焊丝气体保护焊和药芯焊丝自保护焊用的引弧板和引出板的尺寸应与工件同厚度，长≥150mm，宽≥80mm。

(6) 药皮焊条手工电弧焊的引弧板和引出板的尺寸应与工件同厚度，长≥60mm，宽≥50mm。

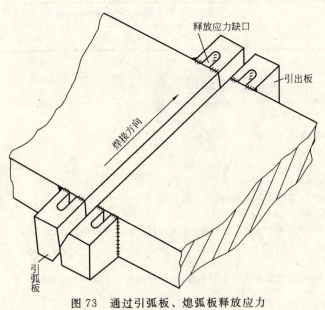

图 73 通过引弧板、熄弧板释放应力

（7）引弧板和引出板必须同工件焊牢。在焊工件时，引弧板和引出板除同工件作平焊对接焊以外，还可以在它们的侧面加焊立角焊缝。

（8）在焊厚工件时，为防止引弧板和引出板同工件的焊缝被横向应力拉裂，为减少正式焊缝两端出现凝固裂纹的可能性，可在引弧板和引出板上开缺口，以便部分地、但是有效地释放焊接应力（参见图73）。

（9）焊接结束后，只能用氧乙炔火焰割去引弧板和引出板，严禁击落引弧板和引出板。

§7.8 焊接环境

（1）雨雪天气不准露天施焊。

（2）工件表面潮湿时，用氧乙炔火焰烘干后方可施焊。

（3）药皮焊条手工电弧焊在风速超过8m/s时不准施焊；气体保护焊在风速超过2m/s时不准施焊。钢结构制作的焊接应在车间内完成。钢结构安装的焊接应在"蒙古包"内完成。即使在车间内施焊，如遇某方向的来风时，应采取关闭门窗或加设挡板等措施。

（4）相对湿度大于90%时应暂停施焊。

（5）作业环境的温度低于0℃时，应对局部工件加热到20℃以上，加热范围为长宽各大于2倍工件厚度，且各不小于100mm。随后的施焊也不能低于20℃。

（6）栓钉焊如无法避免在0℃以下焊接，则应增加1%的打弯检查。

（7）电渣焊应安排在0℃以上施焊。

§7.9 预热（表164）

常用结构钢材最低预热温度要求 表164

钢材牌号	接头最厚部件的板厚 t(mm)				
	$t<25$	$25\leqslant t\leqslant 40$	$40<t\leqslant 60$	$60<t\leqslant 80$	$t>80$
Q235	—	—	60℃	80℃	100℃
Q295、Q345	—	60℃	80℃	100℃	140℃

注：本表适应条件：
1　接头形式为坡口对接，根部焊道，一般拘束度；
2　热输入约为15~25kJ/cm；
3　采用低氢型焊条，熔敷金属扩散氢含量（甘油法）：
　　E4315、4316不大于8ml/100g；
　　E5015、E5016、E5515、E5516不大于6ml/100g；
　　E6015、E6016不大于4ml/100g；
4　一般拘束度，指一般焊缝和坡口焊缝的接头未施加限制收缩变形的刚性固定，也未处于结构最终封闭安装或局部返修焊接条件下而具有一定自由度；
5　环境温度为常温；
6　焊接接头板厚不同时，应按厚板确定预热温度；焊接接头材质不同时，按高强度、高碳当量的钢材确定预热温度。

上表为Ⅰ、Ⅱ类钢材的预热要求。如为Ⅲ、Ⅳ类钢材，则应通过理论计算（下详）和专门的焊接工艺评定确定其预热要求。

§7.10　层间（道间）温度控制

层间（道间）温度应控制在最低预热温度至200℃的范围之内，严禁超过230℃。

§7.11　背面清根、打磨及MT判断

在正面焊了几个焊道以后，应翻转工件，在反面再焊几个焊道。技术成熟的制作单位，技艺高超的焊工绝对不会等到正面的全部焊道统统焊完之后，再翻转工件焊反面的全部焊道，否则焊接变形会太厉害。

在开始焊反面第一个焊道前，应用碳弧气刨工艺刨去正面第一道焊缝的底部，连同正面第一个焊道的残渣也清除干净。然后用手提砂轮磨光该部位的弧形槽，至呈现金属光泽。最后在MT确定该部位无裂纹之后，才能预热和施焊。

§7.12　后热（去氢）

焊后立即对焊缝及其两侧宽度＞1.5倍工件厚度（但不小于100mm）范围内的母材加热到200～250℃，每25mm厚度保温不少于0.5h，然后铺盖石棉或炒热的黄砂缓冷，或随"炉"缓冷（"炉"的含意后详）。

§7.13　焊后热处理

对于承受动载荷，甚至冲击载荷的钢结构件，焊后做后热（去氢）还不够，应作焊后热处理。例如城市大型桥梁箱形梁翼板的对接焊缝及其拖带试板（产品试板），就采取了这样的工艺措施（图74）。

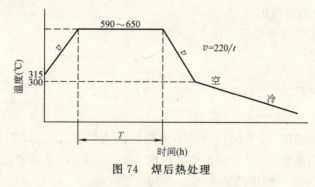

图74　焊后热处理

图中，保温时间 T：当工件厚度 $t<51$mm 时，每25.4mm为1h；当 $t=51$mm时，为2h；当 $t>51$mm时，为2h＋每增厚25.4mm延长5min。升温和降温速度 $v=220/t$（℃/h）。

§7.14 加 热 方 法

（1）最理想的方法是用配有自动记录仪的履带式电感应加热器加热，把这种加热器的履带式陶瓷节（内装电线）铺在工件的加热部位，甚至把工件的该部位裹包起来，启动电源加热。这种加热方法很好，从自动记录仪所提供的记录纸带上，可查到何年何月何时工件的这个部位处于多高的温度下。

（2）如无条件用履带式电感应加热器加热，那么用高压的长柄的氧乙炔火焰枪加热也是可以的。此时宜用红外线数字显示的测温表尽可能在加热面的背后，多次多处地检查加热温度。

§7.15 $t_{8/5}$ 理 论

§4所述常用焊接方法的焊接参数，都是一些实践经验的归纳，但它们都能经受得起理论计算的验证。这个理论被称作"$t_{8/5}$理论"。

§7.15.1 $t_{8/5}$理论的应用

不少学者的研究成果阐明，如果焊缝熔合线处的$t_{8/5}$过于短暂，则熔合线处的硬度值过高，容易造成淬硬裂纹；如果$t_{8/5}$过于久长，则熔合线处的临界转变温度过高。这两处情况的最终结果，都会影响焊接接头的质量和焊接结构的可靠性。

得到实践证实的资料表明，对于第二类钢（例如Q345）而言，$t_{8/5}$控制在10～35s的范围内是合适的；埋弧焊尽可能控制在其上限，手工焊则须至少保持其下限。

现试以25mm钢板对接埋弧焊的工艺评

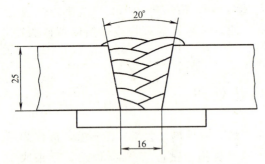

图75 $t_{8/5}=35s$的试板坡口形式和焊道布置

定为例，简述$t_{8/5}$理论的应用。

焊接坡口形式和焊道布置示于图75。

先计算过渡板厚

$$d\ddot{u}=\sqrt{\frac{0.043-4.3\times10^{-5}T_o}{0.67-5\times10^{-4}T_o}\eta'E\left(\frac{1}{500-T_o}+\frac{1}{800-T_o}\right)}$$
$$=3.05\text{cm}$$

其中，假定预热温度$T_o=20℃$（即不预热，因为室温$T=7.5℃$，相对湿度55%）；取考虑热效率的修正系数$\eta'=1$；假设焊接电流$I_{max}=700$A，电弧电压$U_{max}=36$V，焊接速度$v_{min}=35.1$cm/min，焊接热输入$E_{max}=43077$J/cm。

因为实际板厚$d=2.5\text{cm}<$过渡板厚$d\ddot{u}$，所以再用二维公式

$$t_{8/5}=(0.043-4.3\times10^{-5}T_o)\frac{\eta'^2E^2}{d^2}\left[\left(\frac{1}{500-T_o}\right)-\left(\frac{1}{800-T_o}\right)\right]F_2$$

以 $t_{8/5}=35s$ 并取形状系数 $F_2=1$ 代入，计算得合适的焊接热输入 $E=43200J/cm$。

* 如 $d>dü$，则应用三维公式

$$t_{8/5}=(0.67-5\times10^{-4}T_0)\eta'E\left(\frac{1}{500-T_0}-\frac{1}{800-T_0}\right)F_3$$

其中 F_3 为形状系数。

最后将 $E=43200J/cm$ 分解为三个焊接参数：最大焊接电流 $I_{max}=700A$，最高电弧电压 $U_{max}=35V$，最慢焊接速度 $v_{min}=34cm/min$。

用这样的焊接参数焊接的试板，经 RT、UT 和 MT 三个 100% 按 AWS 标准的检测，全部合格；经物理试验、金相分析和化学分析，得出的全部数据列于表 165。

$t_{8/5}=35s$ 的试验分析结果 表 165

力学性能试验和宏观酸蚀试验	纵向	抗拉强度	σ_b		491.61MPa
		屈服强度	σ_s		371.36MPa
		屈强比	σ_s/σ_b		75.5%
		伸长率	δ_s		31.67%
		收缩率	ψ		67.88%
	横向	抗拉强度	σ_b		540.54MPa, 512.26MPa
		弯曲角度	α		180°,180°,180°,180°
		吸收冲击功	α_{kv} (−20℃)	焊缝	88J,71J,91J
				熔合线	147J,123J,117J
		硬度值	HV	母材	185
				焊缝	161
				熔合线	157
				热影响区	177
		宏观酸蚀试验		共三处，1:1盐酸水溶液，70℃，浸蚀20min后，未发现裂纹、气孔、夹渣、未焊透	
化学分析(%)		C			0.06
		Si			0.48
		Mn			1.40
		P			0.016
		S			0.01

显而易见，这样的焊缝和焊接接头，质量是好的，整个结构也是可靠的。

§7.15.2 $t_{8/5}$ 理论的现实意义

我们有意识地试用过久长的 $t_{8/5}$。试板的坡口形式和焊道布置示于图 76。

其中，假定预热温度或层间温度 $T_0=180℃$（因为室温 $T=4.5℃$，相对湿度 90%）；取考虑热效率的修正系数 $\eta'=1$；假设焊接电流 $I_{max}=700A$，电弧电压 $U_{max}=35V$，焊接速度 $v_{min}=35cm/min$，焊接线能量 $E_{max}=42000J/cm$。

因为实际板厚 $d=2.5cm<$ 过渡板厚 $dü$，所以再用公式（2）计算，得出

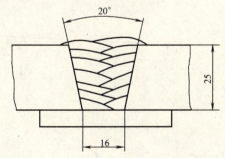

图 76 $t_{8/5}=87.8s$ 的试板坡口形式和焊道布置

$$t_{8/5}=70.1\text{s}$$

实际焊接时，预热温度或层间温度 $T_0=200℃$，焊接电流 $I_{max}=700\text{A}$，电弧电压 $U_{max}=36\text{V}$，焊接速度 $v_{min}=34.5\text{cm/min}$，焊接热输入 $E_{max}=43826\text{J/cm}$；经修正后，$t_{8/5}=87.8\text{s}$。

用这样的焊接参数焊接的试板，RT、UT 和 MT 全部合格；物理试验、金相分析和化学分析的结果列于表166。表166与表165对照，绝大部分数据都不相上下，唯独熔合线处的吸收冲击功 α_{kv}（－20℃）一项，两者大相径庭：当 $t_{8/5}$ 控制在 35s 时，α_{kv}（－20℃）的平均值为 129J；而当 $t_{8/5}$ 久达 87.8s 时，仅为 59J。StE355 钢板要求的冲击功 α_{kv}（－20℃）min 为 39J，两次试验中的后者的富裕量显然不够；因此可以判断其焊缝和焊接接头的质量较差，整个结构也缺少可靠性。

由于严格控制了 $t_{8/5}$，主要焊缝不仅 UT 和 MT 合格，焊缝和焊接接头的质量得到了保证，整个结构是完全可靠的；而且其变形也可以控制在较小的范围内，针对变形的数值，采取相应的反变形措施是很方便的；同时，通过对 $t_{8/5}$ 的控制，用足了焊接热输入，因而生产效率也是最高的。

总而言之，严格控制熔合线处从 800℃ 冷却到 500℃ 的时间，是保证焊缝和焊接接头质量、保证焊接结构的可靠性的行之有效的方法。

§8 焊接质量

§8.1 焊接质量的重要性

焊接质量直接关系到建筑钢结构的安全使用。因焊接质量不好而导致建筑钢结构破坏,在国内、国外都不乏先例。

为确保焊接质量,应做好焊前检查、焊接过程中检查和焊后检查三个环节。本章仅讨论焊后检查。

建筑钢结构的焊缝,根据建筑钢结构的重要性、实际承受载荷的特性、焊缝的形式、工作环境和应力状态,可以被分为一级、二级和三级等三个质量等级,它们的质量要求、检验比例和检验标准都不一样。

§8.2 焊缝的外观检查 VT(表166、表167和表168)

此外还要检查焊缝的下列外观质量:
(1)表面裂纹:不允许。

焊缝外观质量允许偏差 表166

检验项目 \ 焊缝质量等级	二 级	三 级
未焊满	≤0.2+0.02t 且≤1mm,每100mm长度焊缝内未焊满累积长度≤25mm	≤0.2+0.04t 且≤2mm,每100mm长度焊缝内未焊满累积长度≤25mm
根部收缩	≤0.2+0.02t 且≤1mm,长度不限	≤0.2+0.04t 且≤2mm,长度不限
咬边	≤0.05t 且≤0.5mm,连续长度≤100mm,且焊缝两侧咬边总长≤10%焊缝全长	≤0.1t 且≤1mm,长度不限
裂纹	不允许	允许存在长度≤5mm的弧坑裂纹
电弧擦伤	不允许	允许存在个别电弧擦伤
接头不良	缺口深度≤0.05t 且≤0.5mm,每1000mm长度焊缝内不得超过1处	缺口深度≤0.1t 且≤1mm,每1000mm长度焊缝内不得超过1处
表面气孔	不允许	每50mm长度焊缝内允许存在直径<0.4t 且≤3mm的气孔2个;孔距应≥6倍孔径
表面夹渣	不允许	深≤0.2t,长≤0.5t 且≤20mm

焊缝焊脚尺寸允许偏差 表 167

序号	项目	示意图	允许偏差(mm)	
1	一般全焊透的角接与对接组合焊缝		$h_f \geqslant \left(\dfrac{t}{4}\right)_0^{+4}$ 且 $\leqslant 10$	
2	需经疲劳验算的全焊透角接与对接组合焊缝		$h_f \geqslant \left(\dfrac{t}{2}\right)_0^{+4}$ 且 $\leqslant 10$	
3	角焊缝及部分焊透的角接与对接组合焊缝		$h_f \leqslant 6$ 时 $0\sim1.5$	$h_f > 6$ 时 $0\sim3.0$

注：1 $h_f \geqslant 8.0$mm 的角焊缝其局部焊脚尺寸允许低于设计要求值 1.0mm，但总长度不得超过焊缝长度的 10%。
  2 焊接 H 形梁腹板与翼缘板的焊缝两端在其两倍翼缘板宽度范围内，焊缝的焊脚尺寸不得低于设计要求值。

焊缝余高和错边允许偏差 表 168

序号	项目	示意图	允许偏差(mm)	
			一、二级	三级
1	对接焊缝余高(C)		$B<20$ 时， C 为 $0\sim3$； $B\geqslant20$ 时， C 为 $0\sim4$	$B<20$ 时， C 为 $0\sim3.5$； $B\geqslant20$ 时， C 为 $0\sim5$
2	对接焊缝错边(d)		$d<0.1t$ 且 $\leqslant 2.0$	$d<0.15t$ 且 $\leqslant 3.0$
3	角焊缝余高(C)		$h_f\leqslant6$ 时，C 为 $0\sim1.5$； $h_f>6$ 时，C 为 $0\sim3.0$	

(2) 余高 $e \leqslant 3.0$ mm（图77）。

(3) 焊宽 $B = B' + (4 \sim 6)$ mm（图78）。

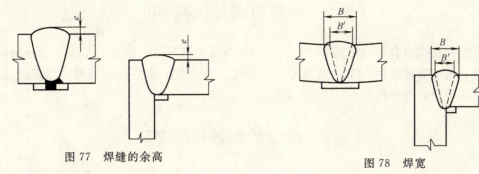

图77 焊缝的余高　　　　　　　　图78 焊宽

(4) 焊瘤：不允许。

(5) 弧坑：不允许。弧坑裂纹：更不允许。

(6) 飞溅：应清除干净。

(7) 焊缝表面高低差：焊缝长25.4mm内，$e'' \leqslant 1.5$mm（图79）。

(8) 焊缝宽度差：母焊缝长151mm内，$(B-b) \leqslant 5$mm（图80）。

(9) 对接焊缝的错边：$d \leqslant 0.1t$，且 $\leqslant 2.0$mm（图81）。

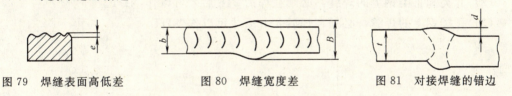

图79 焊缝表面高低差　　　图80 焊缝宽度差　　　图81 对接焊缝的错边

§8.3　焊缝的超声波检测 UT

(1) 一级焊缝（通常主要是对接焊缝）应100%UT，达到GB 11345—89《钢焊缝超声波探伤方法及质量分级法》B级检验的Ⅱ级和Ⅱ级以上。

(2) 二级焊缝（通常主要是T接焊缝）应至少20%UT，达到GB 11345—89 B级检验的Ⅲ级和Ⅲ级以上。

(3) 焊接球节点网架焊缝的UT，执行《焊接球节点钢网架焊缝超声波探伤及其质量分级法》（JG/T 3034.1）。

(4) 螺栓球节点网架焊缝的UT，执行《螺栓球节点钢网架焊缝超声波探伤及其质量分级法》（JG/T 3034.2）。

(5) 箱形结构隔板的电渣焊焊缝，应通过UT检测焊缝宽度的包罗线，确认焊道的每一个角落都焊透，并确认焊缝中无裂纹及超标的夹渣、气孔。

§8.4　焊缝的射线检测 RT

RT在建筑钢结构里用得不是太多，但在桥梁钢结构中用得很多。执行的标准是《钢熔化焊对接接头射线照相和质量分级》（GB 3323），评定等级为AB级，一级焊缝应达到

Ⅱ级和Ⅱ级以上，二级焊缝应达到Ⅲ级或Ⅲ级以上。

§8.5　焊缝的磁粉检测 MT

在建筑钢结构里有两处常用 MT，一是厚工件反面清根并打磨后，用 MT 判断清根的结果；另一是重要焊缝用 MT 检测有无表面裂纹。应用的标准是 JB/T 6061《焊缝磁粉检验方法和缺陷磁痕的分级》。

§8.6　焊缝的渗透检测 PT

在建筑钢结构里，PT 用得较少。如用，则执行 JB/T 6062《焊缝渗透检测方法和缺陷痕迹的分级》。

§8.7　对无损检测的时间的规定

(1) Ⅰ类钢上的焊缝，只要冷却到室温时便可作 NDT。
(2) Ⅱ类和Ⅲ类钢上的焊缝，必须在焊后 24h 后才可以作 NDT。
(3) Ⅳ类钢上的焊缝，必须在焊后 48h 后才可以作 NDT。

§9 焊缝的返修

§9.1 焊缝外观缺陷的返修

(1) 余高——磨去过高部分。
(2) 未焊满——焊补。焊补前后要注意四点：①焊前该预热的应按规定预热；②焊时用较小的焊接线能量；③焊后去氢；④表面打磨。
(3) 焊宽——过宽的磨去，过窄的焊补。焊补时的注意点同"未焊满"。
(4) 咬边——超标的咬边应作焊补。焊补时的注意点同"未焊满"。
(5) 焊瘤——磨去。
(6) 表面裂纹——同焊缝内部缺陷的返修。
(7) 弧坑裂纹——同焊缝内部缺陷的返修。
(8) 电弧擦伤——磨去痕迹，必要时加以磁粉检测。
(9) 飞溅——铲去或磨去。
(10) 表面夹渣——同焊缝内部缺陷的返修。
(11) 表面气孔——同焊缝内部缺陷的返修。
(12) 焊缝表面高低差和宽度差——过高或过宽的磨去；过低或过窄的焊补，其要点同"未焊满"。
(13) 错边——加焊或打磨，使焊缝两边和顺过渡；加焊的要点同"未焊满"。

§9.2 焊缝内部缺陷的返修

(1) 根据无损检验的结果，找到缺陷的部位，确定缺陷的类别，分析造成缺陷的原因，并参照原来的焊接工艺文件，编制专用的焊接返修工艺文件，由有经验的焊工持证返修。
(2) （厚工件）用电感应或火焰方法局部加热后，以碳刨方法将缺陷清除干净，并用角向砂轮磨光碳刨斜面；在裂纹前后端各钻一个止裂孔，并应多刨去 50mm；磨槽的两端应呈圆弧形，不准出现尖角。
(3) （厚工件）焊补前的预热温度应比原来焊前的预热温度提高 50℃。
(4) 焊补时应使用小的焊接线能量，即用细焊条，小电流；短电弧，低电压；焊条不作横向摆动，加快焊接速度。但第一道焊缝的焊接电流可略大些，以保证焊透。
(5) 严格控制道间温度。
(6) 除表面一道外，其余各道焊后应立即用圆头尖嘴锤趁热击打焊缝。
(7) 返修应安排在无损检验后、焊后热处理（有必要的话）前进行。

(8) 焊补后立即做去氢处理（有焊后热处理要求的除外）。

§9.3 焊缝返修的允许次数

(1) 同一部位的焊缝只允许返修两次（厚工件的正面焊缝和反面焊缝各作为一个部位对待）。

(2) 如同一部位的焊缝经过两次返修仍不合格，则必须由焊接责任工程师主持专题分析，重新拟订专用的返修工艺文件，经企业总工程师批准，再经项目总监理工程师认可后，在焊接责任工程师亲自指导、监理工程师旁站下，由优秀焊工持证返修。

(3) 所有返修资料（含返修记录），都要如实整理，归档备查，不得隐瞒。

§10 焊接变形

§10.1 焊接变形的防止

§10.1.1 长焊缝的逆向分段焊法

采用药皮焊条手工电弧焊 SMAW 时，长焊缝宜用逆向分段焊法（图82）。

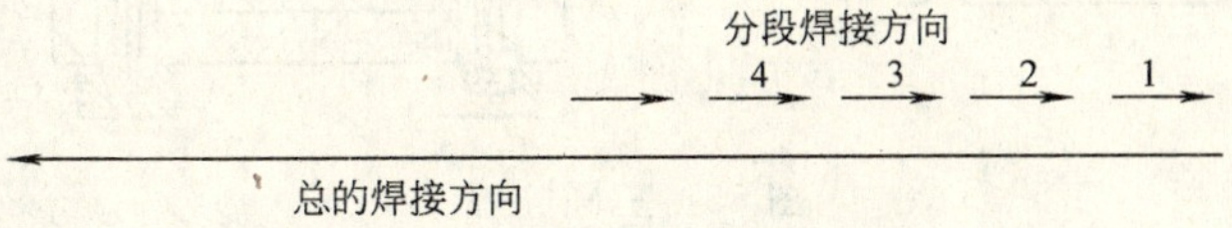

图82 长焊缝的逆向分段焊法

§10.1.2 长焊缝从中间向两端分开焊法

采用埋弧焊 SAW 或半自动实芯焊丝气体保护焊 GMAW 或半自动药芯焊丝自保护焊 FCAW-SS 时，长焊缝宜用从中间向两端分开焊法（图83）。

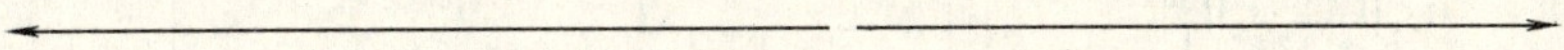

图83 长焊缝从中间向两端分开焊法

§10.1.3 对称施焊法

采用 SMAW 或 GMAW 或 FCAW-SS 焊接筋板同主体构件之间的角焊缝一类的焊缝时，宜用两把焊枪对称施焊（图84）。

§10.1.4 三同施焊法

采用 SAW 焊 H 型钢的翼板/腹板 T 接焊缝，或采用 SAW 焊箱形结构四条主要的类似对接的焊缝，或采用熔嘴电渣焊 ESW-MN 或丝极电渣焊 ESW-ME 时，应用三同施焊法（图85）。所谓三同，是指两枝焊枪同步、同方向、同焊接参数施焊。

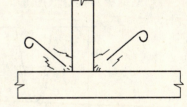

图84 对称施焊法

§10.1.5 从下向上施焊法

大型梁结构的腹板的现场总成对接焊，应从下向上施焊（图86），以确保梁的上拱要求。当然此时还应采取§10.1.4所述的三同措施。

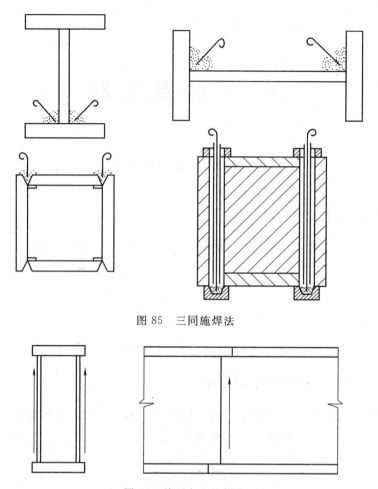

图 85　三同施焊法

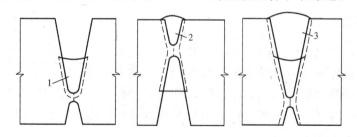

图 86　从下向上施焊法

§10.1.6　焊接顺序

对于厚工件而言，多翻转工件，讲究焊接顺序，是防止焊接变形的有效措施。

(1) 厚钢板对接焊（图 87）。图中的 1、2、3 都是表示若干个焊道。

图 87　二次翻转的厚钢板对接焊

(2) 箱形结构四条类似对接的主要焊缝的焊接（图 88）。其中四个分数，均表示焊道总数的几分之几。

(3) 十字柱的焊接（图 89）。

图中的 1、2、3、4 表示总的焊接顺序，分数 1/3、1/2、2/3 表示焊道总数的 1/3、1/2、2/3。

§10.1.7 反变形焊

图 90 所示为一台钢梁自动焊机的操作方法。此机器的操作步骤为：

(1) 借助 4 个滚轮送进 H 型钢的下翼板。
(2) 借助 6 个滚轮送进腹板。
(3) 压紧滚轮。
(4) 举高托轮。
(5) 接通电源，使 4 盘焊丝接连引弧。
(6) 压下 2 个滚轮，使下翼板保持反变形（这是本小节的主题）。

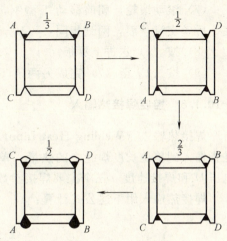

图 88 箱形结构的三次翻转施焊

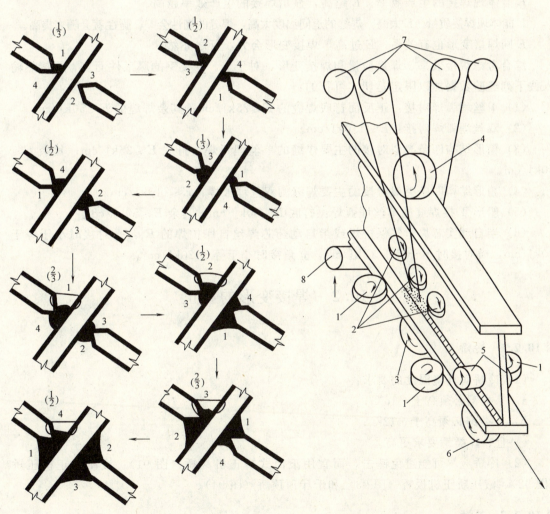

图 89 十字柱的七次翻转施焊

图 90 带有翼板反变形装置的自动钢梁焊机的工作原理示意
1～8—滚轮

(7) 滚动滚轮，朝前移动 T 型钢，与此同时完成两条 T 接焊缝的焊接（前丝直流打底，后丝交流盖面，两侧相同）。

(8) 按（1）送进上翼板。

(9) 按（2）至（7）完成另两条 T 接焊缝的焊接。

§10.1.8 控制焊接热输入

焊接热输入（Welding Heat Input），又称焊接线能量（Welding Line Energy），意思是指输入到单位长度焊缝中的热量，单位是 J/cm 或 kJ/cm。它综合了焊接电流 I、电弧电压 U 和焊接速度 v 三个主要焊接参数，是考核焊接工艺先进与否的重要指标。

焊接热输入用下述公式计算：

$$E = \frac{IU}{v}$$

E 能体现焊接的生产效率。E 越高，显示焊接的生产效率越高。

E 能体现焊接质量。E 太高，焊缝的道间温度太高，焊缝的韧性会差，脆性就会随之提高。

E 同焊接变形也有关系。E 过高，焊接变形会大，反之亦然。

综合考虑焊接效率、焊接质量和焊接变形，对于Ⅰ、Ⅱ类钢的厚工件而言，焊接热输入按下列经验数据加以限定是切实可行的：

(1) 单丝埋弧焊对接：正反面打底焊缝的 $E \leqslant 25$kJ/cm；其余焊缝的 $E \leqslant 50$kJ/cm。

(2) 双丝埋弧焊对接：$E \leqslant 110$kJ/cm。

(3) 箱形结构四条类似对接的主要焊缝的单丝埋弧焊：打底 $E \leqslant 25$kJ/cm；其余 $E \leqslant 50$kJ/cm。

(4) 箱形结构四条类似对接的主要焊缝的双丝埋弧焊：$E \leqslant 110$kJ/cm。

(5) 船形 T 接焊缝的单丝埋弧焊：打底 $E \leqslant 30$kJ/cm；其余 $E \leqslant 50$kJ/cm。

(6) 半自动实芯焊丝气保护焊或半自动药芯焊丝自保护焊的 E_q：平对接时小于等于 40kJ/cm，横对接时小于等于 12kJ/cm，立角接时小于等于 20kJ/cm。

§10.2 焊接变形的矫正

§10.2.1 冷矫

(1) 冷矫对环境温度的要求：

a) Ⅰ类钢必须高于－16℃；

b) Ⅱ类钢必须高于－12℃；

c) Ⅲ、Ⅳ类钢要求更高。

(2) 冷矫应尽可能避免锤击，而宜用滚筒式矫正机滚矫（图91）、液压矫正机压矫（图92）、液压矫正机扳矫（图93）和千斤顶顶矫（图94）。

§10.2.2 热矫

(1) 环境低于§10.2.1（1）的规定时，或各种矫正机械无法矫正的厚工件，采用热矫

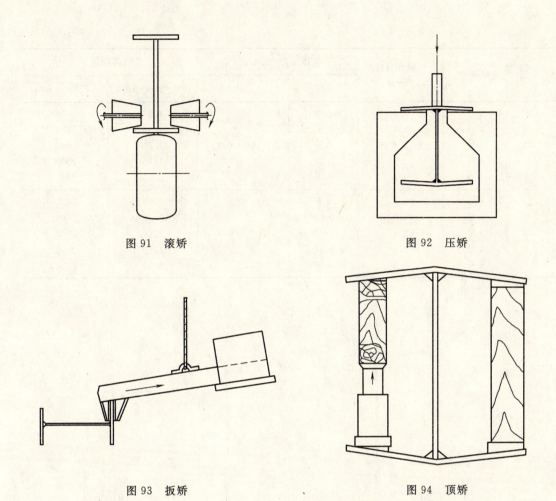

图 91 滚矫 图 92 压矫
图 93 扳矫 图 94 顶矫

工艺矫正焊接变形。

（2）热矫主要是指用氧乙炔火焰将工件变形的凸起部位及其周边的一定范围加热到 600～900℃（最好是 800～900℃）的温度，然后任其自然冷却，变形即可消失。

（3）热矫可通过一次或几次完成，每次的加热温度应逐渐提高。为加速矫正进度，Ⅰ类钢可浇水；Ⅱ、Ⅲ、Ⅳ类钢严禁浇水。

（4）热矫的主要工具是长柄的氧乙炔火焰枪，其有关数据列于表 169。

热矫用氧乙炔火焰枪的技术性能　　　　表 169

型号	焊嘴号	焊嘴孔直径(mm)	气体压力(N/mm^2)		气体耗量	
			氧气	乙炔	氧气(m^3/h)	乙炔(L/h)
H01-12	1号	1.4	0.4	0.001～0.1	0.37	430
	2号	1.6	0.45		0.49	580
	3号	1.8	0.5		0.65	780
	4号	2.0	0.6		0.86	1050
	5号	2.2	0.7		1.10	1210

续表

型号	焊嘴号	焊嘴孔直径(mm)	气体压力(N/mm²)		气体耗量	
			氧气	乙炔	氧气(m³/h)	乙炔(L/h)
H01-20	1号	2.4	0.6	0.001～0.1	1.25	1500
	2号	2.6	0.65		1.45	1700
	3号	2.8	0.7		1.65	2000
	4号	3.0	0.75		1.95	2300
	5号	3.2	0.8		2.25	2600
H01-40	1号	3.0	0.8	0.075～0.1	1.95	2300
	2号	3.2	0.85		2.25	2600
	3号	3.4	0.9		2.55	2900
	4号	3.5	0.95		2.70	3050
	5号	3.6	1.0		2.90	3250

§11 焊接裂纹

§11.1 焊接裂纹的致命性

焊接裂纹是钢结构制作和安装两个过程中可能发生的严重缺陷。如果说在这两个过程中发现了焊接裂纹，返修是劳命伤财的；那么在工程交付使用后还发生因延迟裂纹而导致钢结构在一刹那间倒坍之类的事故，就该说是深重的灾难了。因此可以认为裂纹是焊接的致命缺陷。如何防止焊接裂纹的发生，避免钢结构遭受破坏，是一个重要课题，绝对不能掉以轻心。

§11.2 焊接裂纹的分类

(1) 按裂纹出现的位置分：
a) 焊缝裂纹；
b) 熔合线裂纹；
c) 热影响区裂纹；
d) 表面裂纹；
e) 贯穿裂纹；
f) 弧坑裂纹；
g) 焊趾裂纹；
h) 焊缝根部裂纹；
i) 宏观裂纹；
j) 微观裂纹；
k) 晶内裂纹；
l) 晶间裂纹（含层状撕裂）；
m) 横向裂纹；
n) 纵向裂纹。

(2) 按焊缝冷却结晶时出现裂纹的时间段分：
a) 热裂纹（也称高温裂纹）；
b) 冷裂纹；
c) 延迟裂纹。

§11.3 防止热裂纹的几项有效的工艺措施

(1) 控制焊缝成形系数 φ

焊缝成形系数 φ，即焊宽 B 同焊深 H 的比值 $\frac{B}{H}$，应控制在 1.1～1.2 之内（参见图 95）。讲得粗鲁一点，就是不要贪心不足，不要把一个焊道焊得很深，不要把应该由几个焊道焊成的焊缝用一个焊道焊出来。

（2）按规范选择坡口角度和间隙，避免因坡口角度太小、间隙太小而使得焊缝形状系数 φ 太小，从而导致焊接裂纹的产生（参见图 96）。

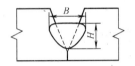
图 95　焊缝的形状系数 $\varphi=\frac{B}{H}$

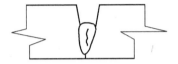
图 96　坡口角度太小、间隙太小导致裂纹

（3）厚工件焊前预热到位可以收到防止裂纹的实效。

（4）选择合理的焊接顺序，可以防止裂纹的产生。图 97 所示为某超高层建筑钢结构的外伸桁架的一个节点，其中轴套（材质为日本 SM490A）是轧制出 205mm 内径的锻件，同材质为美国 A572-Gr50 的底板、墙板和腹板焊成一体后，穿插一根销轴，组装到整个桁架中去。底板、墙板和腹板分别厚 25、60 和 60mm。

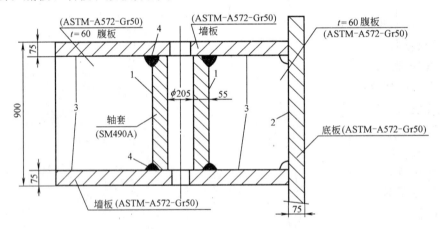
图 97　外伸桁架的节点的焊接

焊缝①、②、③、④都是两枝焊枪按三同要求施焊。焊它们的顺序大有讲究。正确的焊接顺序应该是：①—②—③—④。如果焊接顺序搞错了，尤其是如果先焊了④，那么就会出现焊接裂纹。

（5）正确使用引弧板和引出板，在实用上能很好地起到防止焊接裂纹的作用。

（6）焊后立即用圆尖锤锤击焊缝，在实用上能很好地起到防止裂纹的作用。这个方法在焊缝返修（特别是厚工件焊缝返修）时十分有效。

§11.4　防止冷裂纹的几项有效的工艺措施

（1）按 $t_{8/5}$ 理论，即通过控制焊缝金属从 800℃ 冷却到 500℃ 的时间，来确定焊接参数，可以确保不出现焊接裂纹（参见 §7.14）。

（2）降低氢的影响：

a) 按规定烘焙焊接材料。

b) 按规定清除坡口及其周边一定范围内的油、锈、水、污。

c) 对坡口及其周边一定范围内的母材作焊前预热。

d) 控制层间（道间）温度。

e) 对焊缝及其两侧一定范围内的工件做后热（即去氢）。

f) 如有必要，对焊缝及其两侧一定范围内的工件做焊后热处理。

§12 焊接工程实例

例1 桥梁翼板的双丝埋弧对接焊（图98）

工程名称：上海杨浦大桥中的翼板。

母材：（德）StE355，$t_{max}=60mm$。

焊接材料：焊丝　前丝（日）Y-C，$\phi 4.8$；

　　　　　　　　后丝（日）Y-A，$\phi 6.4$。

　　　　　焊剂（日）NSH-52。

焊接设备：（日）OTC双丝埋弧焊机。

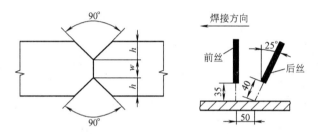

图98　厚钢板的双丝埋弧对接焊

焊接参数：表170。

厚钢板双丝埋弧对接焊的焊接参数　　　　　　　　　　　　　　　表170

板厚 t(mm)	接头主要尺寸		前　丝			后　丝			焊接速度 v(cm/min)	焊接热输入 E(kJ/cm)
	h (mm)	w (mm)	焊丝直径 ϕ(mm)	焊接电流 I(A)	电弧电压 U(V)	焊丝直径 ϕ(mm)	焊接电流 I(A)	电弧电压 U(V)		
60	13	34	4.8	DCRP1800	33	6.4	AC140	45	65	113

例2 桥梁段的药皮焊条手工电弧焊＋单丝埋弧焊T接（图99）

工程名称：杨浦大桥的梁段。

母材：（德）StE355。

焊接材料：焊丝　H10Mn2G。

　　　　　焊剂　HJ331。

焊接设备：MZ1000-2埋弧焊机。

焊接参数：表171（未涉及药皮焊条手工电弧焊）。

例3 箱型柱类似对接焊缝的单丝埋弧焊（图100）

工程名称：上海国际贸易中心大厦的箱型柱。

母材：（日）SM490A。

焊接材料：焊丝　H10Mn2。

　　　　　焊剂　HJ330。

焊接设备：MZ1000-2埋弧焊机。

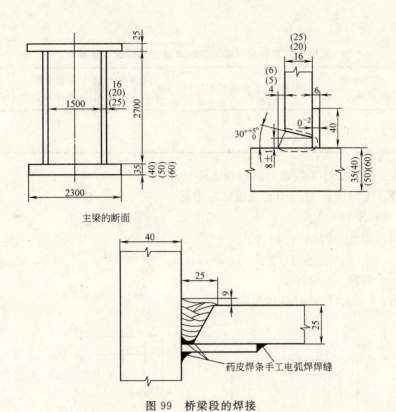

图 99 桥梁段的焊接

桥梁段的焊接参数（未涉及 SMAW）　　　　　　　　　　　　　　表 171

焊道序数	焊丝直径 ϕ(mm)	预热温度或层间温度 T_0(℃)	焊接电流 I(A)	电弧电压 U(V)	焊接速度 v(cm/min)	焊接热输入 E(kJ/cm)	800℃至500℃的冷却时间 $t_{8/5}$(sec)
1		110	500	31	50		
2		110					
3		110	600	33	34		
4		120	600	33	34		
$5-\dfrac{1}{2}$	4.8	130	600	33	34		
		120					
$6-\dfrac{1}{2}$		115	650	32	34		
		120	700				
$7-\dfrac{1}{2}$		147	700	32	34	max:39529	max:35.05
		160					
8		100	600	33	34		

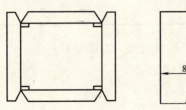
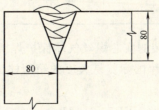

图 100 箱型柱四条类似对接焊缝的单丝埋弧焊

焊接参数：表172。

箱型柱四条类似对接焊缝的单丝埋弧焊的焊接参数　　　　　　　表172

焊丝直径 ϕ(mm)	电源种类及极性	焊道	焊接电流 I(A)	电弧电压 U(V)	焊接速度 v(cm/min)	焊接热输入 E(kJ/cm)
4.8	DC,RP	首道 其余	550~600 750~800	33 33.5~40	50 40	23.8 48.0

例4 箱型柱类似对接焊缝的双丝埋弧焊（图101）

工程名称：上海国际贸易中心大厦的箱型柱。

母材：（日）SM490A。

焊接材料：焊丝　前丝（日）Y-C，ϕ4.8mm；
　　　　　　　　后丝（日）Y-A，ϕ6.4mm。

　　　　　焊剂　NSH-52。

焊接设备：（日）OTC双丝埋弧焊机。

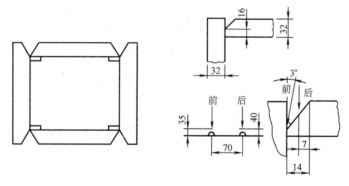

图101　箱型柱四条类似对
接焊缝的双丝埋弧焊

焊接参数：表173。

箱型柱四条类似对接焊缝的双丝埋弧焊的焊接参数　　　　　　　表173

焊丝 ϕ(mm)	焊接电流 I(A)	电弧电压 U(V)	焊接速度 v(cm/min)	焊剂	焊接热输入 E(kJ/cm)
前 4.8 （日）Y-C	DC,RP 780~800	34~45	35~45	（日） NSH-52	100
后 6.4 （日）Y-A	AC 800~820	36~37			

例5 柱子安装的实芯焊丝气体保护焊横对接（图102）。

工程名称：天津国际贸易大厦的箱型柱。

母材：Q345B。

焊接材料：焊丝　ER50-3，ϕ1.2。

　　　　　保护气体　Ar+CO_2。

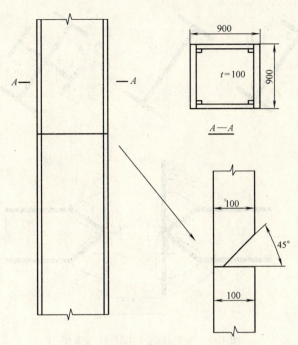

图102 箱型柱的气体保护焊横对接

焊接参数：表174。

箱型柱的气体保护焊横对接的主要焊接参数 表174

焊道	焊丝直径 ϕ(mm)	焊接电流 I(A)	电弧电压 U(V)
1～4	1.2	170～180	21～22
其余		200～210	22～23

例6 十字柱的T接单丝埋弧焊（图103）

工程名称：世茂国际广场的十字柱。

母材：Q345B。

焊接材料：焊丝 H10Mn2。

　　　　　焊剂 HJ330。

焊接参数：表175。

十字柱的T接单丝埋弧焊的焊接参数 表175

焊道	焊丝直径 ϕ(mm)	焊接电流 I(A)	电弧电压 U(V)	焊接速度 v(cm/min)	焊接热输入 E(kJ/cm)
打底	5	600～650	32	50～52	25
其余	5	650～700	33～38	45～48	35.5

例7 转换柱的实芯焊丝CO_2气体保护焊（图104）

工程名称：重庆万豪国际会展大厦的转换柱。

工程概况：该大厦的第七节柱的上端为1200mm×1200mm（板厚90mm）的箱型段，下端为1100mm×1100mm（板厚60mm）的十字段，中间为两种截面过渡的转换段，综

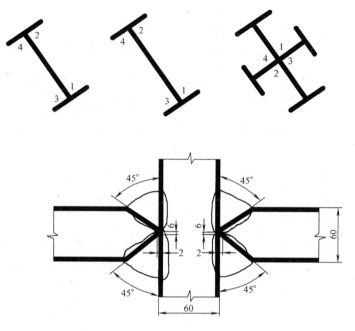

图 103 十字柱的 T 接单丝埋弧焊

合起来称作转换柱。所谓转换柱的焊接，实质上是指已经单独焊完的箱型段、转换段和十字段三者之间的焊接。

母材：Q345B（Z15）。

焊接材料：ER50-3，$\phi1.2mm$。

焊接参数：表176。

转换柱的焊接参数 表 176

接头形式	钢板厚度 $t(mm)$	坡口形式	焊丝直径 $\phi(mm)$	焊道	焊接电流 $I(A)$	电弧电压 $U(V)$	焊接速度 $v(cm/min)$	焊接热输入 $E(kJ/cm)$	CO_2 流量 (L/min)
对接	90 80 60 50 40	V 型	1.2	打底	240~260	25~30	40~45	max:36.5	18~21
				中间	270~300	33~36	30~40		
				盖面	280~320	36~38	20~25		

例8 大跨度箱式起重梁的药皮焊条手工电弧焊（图 105）

工程名称：东海大桥桥墩安装用 350t 门式起重机的主梁（梁长 41.3m）

母材：Q235B。

焊接材料：药皮焊条 E4315（即 J427）。

焊接参数：表 177。

大跨度箱式起重梁的药皮焊条手工电弧焊的焊接参数 表 177

焊接位置	焊条规格 $\phi(mm)$	焊接电流 $I(A)$	电弧电压 $U(V)$	焊接电源和极性
平焊	4	140~160	20~22	DC,RP
	5	180~200		
立焊	4	130~150		
仰焊	4	120~140		

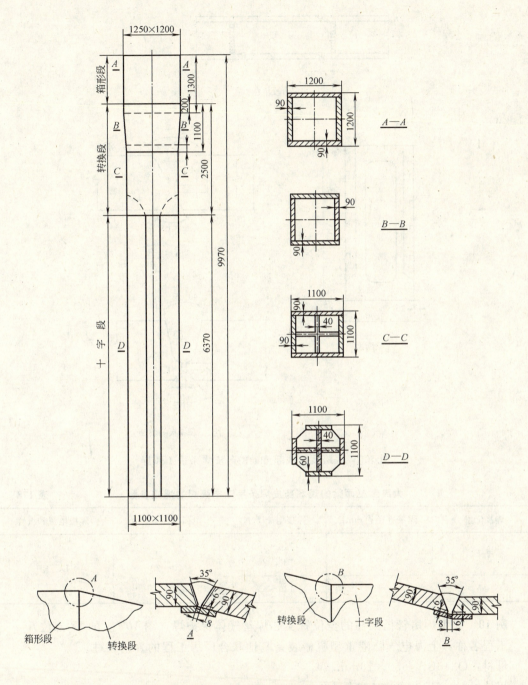

图104 转换柱的实芯焊丝气体保护焊

例9 重型厂房大跨度屋面梁的现场药皮焊条手工电弧焊（图106上的W部位）
工程名称：上海电气临港重型机械装备基地联合厂房工程的屋面梁。
母材：Q345B。
焊接材料：药皮焊条E4315（即J427）。
焊接参数：表178。

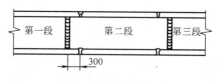

主梁分段示意

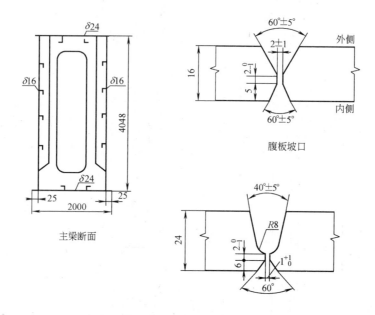

主梁断面

腹板坡口

上、下翼缘板的坡口

图 105 大跨度箱式起重梁的药皮焊条手工弧焊

大跨度屋面梁的现场药皮焊条手工电弧焊的焊接参数 表 178

焊接位置	焊条直径 ϕ(mm)	焊接电流 I(A)	电弧电压 U(V)	焊接电源和极性
平 F	4	140～160	20～22	DC,RP
	5	180～200		
立 V	4	130～150		

例 10 重型厂房管桁架柱的全位置实芯焊丝气体保护焊（图 107 上的 W 部位）

工程名称：上海电气临港重型机械装备基地联合厂房工程的管桁架柱。

母材：Q345B，$\phi 650 \times 16$mm。

焊接材料：ER50-3，$\phi 1.2$。

焊接参数：表 179。

重型厂房管桁架柱的全位置 GMAW 的主要焊接参数 表 179

焊接位置	焊丝直径 ϕ(mm)	焊接电流 I(A)	电弧电压 U(V)
平焊 F	1.2	180～200	21～22
立焊 V		170～180	22～23
仰焊 O		160～170	22～24

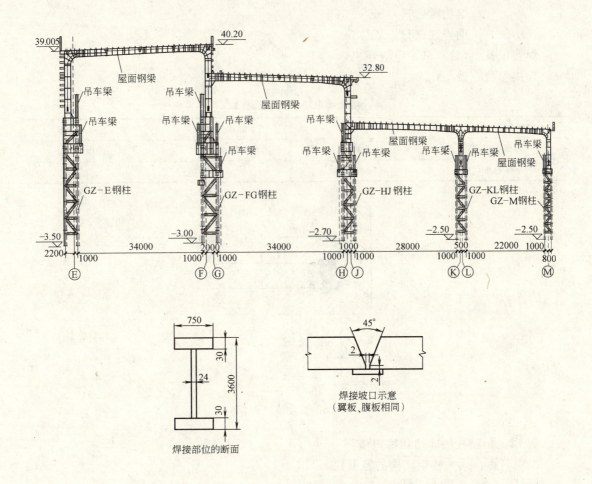

图 106 重型厂房大跨度屋面梁的现场药皮焊条手工电弧焊

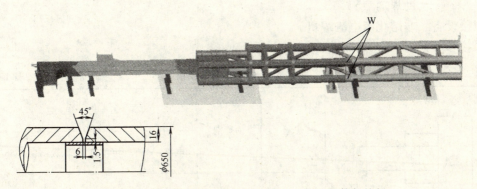

图 107 重型厂房管桁架的全位置实芯焊丝气体保护焊

例 11 箱型柱的熔化嘴电渣焊（图 108）

工程名称：上海国际贸易中心大厦的箱型柱。

母材：（日）SM490A。

焊接材料：焊丝（日）Y-CM，$\phi 2.4$。

　　　　熔化嘴（日）SES-15F。
　　　　助焊剂（日）YF-15。
　焊接设备：（日）SES 电渣焊机。
　焊接参数：表180。

熔化嘴电渣焊的焊接参数 表180

助焊剂添加值 W	55g	焊接速度 v	1.67cm/min
焊接电流 I	380A	焊接热输入 E	410kJ/cm
焊接电压 U	30V		

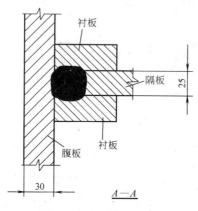

图108　熔化嘴电渣焊

例12　箱型柱的非熔化嘴电渣焊
　工程名称：某大楼钢结构的箱型柱。
　母材：Q345B（衬板为Q235B）。
　焊接材料：焊丝　YM-55A，$\phi 1.6$。
　　　　助焊剂　YF-15。
　焊接设备：非熔化嘴电渣焊机。
　焊接参数：表181。

非熔嘴电渣焊的工艺参数 表181

接头形状	焊丝	助焊剂	工　艺　参　数		
			电流(A)	电压(V)	送丝速度(m/min)
	YM-55A$\phi 1.6$	YF-15	300	42～44	8

注：YM-55A 为 Mn-Mo 系气体保护焊用焊丝。

例13　大型商场大跨度管桁架相贯线的药皮焊条手工电弧焊（图109）
　工程名称：海门吉事达国际商务中心。

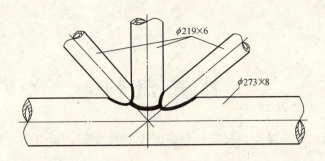

图 109 大型商场大跨度管桁架相贯线的 SMAW

母材：Q345B，$\phi 273 \times 8$mm/$\phi 219 \times 6$mm。
焊接材料：药皮焊条 E5016（即 J506）。
焊接参数：表 182。

大型商场大跨度管桁架相贯线的 SMAW 焊接参数 表 182

焊道	焊条直径 ϕ(mm)	焊接电流 I(A)	电弧电压 U(V)	焊接速度 v(cm/min)	焊接热输入 E(kJ/cm)
打底	3.2	105～115	22～23	10.5～11.5	15.1
盖面	4	145～155	22～24	9.5～10.5	23.5

例 14 栓钉焊（图 110）

工程名称：金茂大厦。
母材：（美）AS72-Gr50。
焊接材料：栓钉 ML15。
　　　　　瓷环 陶瓷。
焊接设备：（美）纳尔逊栓钉焊机。
焊接参数：表 183。

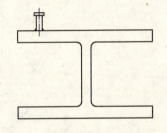

图 110 超高层钢结构件的栓钉焊

栓钉焊焊接参数 表 183

栓钉直径 ϕ(mm)	焊接电流 I(A)	焊接时间 t(s)
19	1500	0.84

附　几点综合说明：

1) 例 1、例 2、例 3、例 4、例 5、例 6、例 7、例 8、例 9、例 11 均系厚工件，有预热、层间（道间）温度控制和后热（去氢）要求，详见前述，但例 13 和例 14 无此三种要求。

2) 例 1、例 2、例 3、例 4、例 5、例 8 和例 9 焊接过程中必须多次翻转工件，详见前述。

3) 例 5、例 6、例 7、例 10、例 11、例 13 和例 14 应三同施焊。

4) 例 10 应用以下向上施焊法。

补 充 资 料

1. 焊接厚钢板时，为减少焊接工作量，减少焊接变形，常采用窄坡口。这样的坡口必须由刨边机刨出。

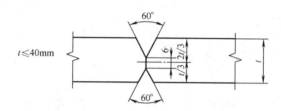

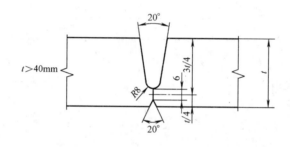

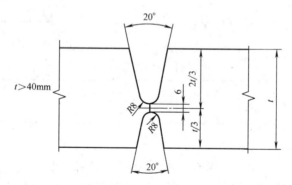

2. 为减少翻转工件，免去工件反面第一个焊道前的碳弧气刨清根，常用陶瓷衬垫一面焊接两面成型的工艺，其中的焊接方法可以是 SMAW、GMAW、FCAW、SAW 中的任意一种。

这种工艺可获得根部焊透、外观质量良好、生产效率高的焊缝；同时钢结构制作单位在采用这种工艺时常把工件（特别是需要对接的钢板）置于门式架子下面，对工件施行一定的强制，因而这种工艺还可获得变形很小的焊缝。

3. 机器人焊接已用于建筑钢结构的焊接。高速旋转的电弧焊就是这些机器人当中的一种。

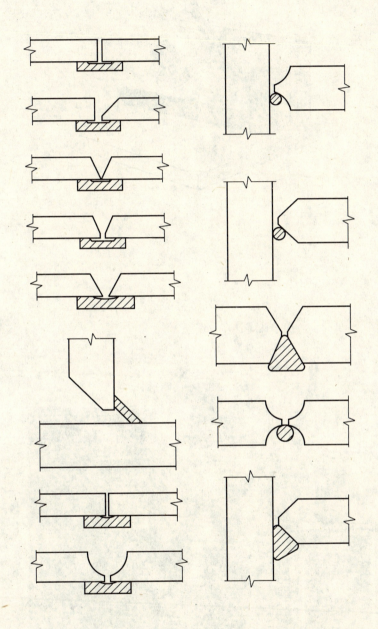

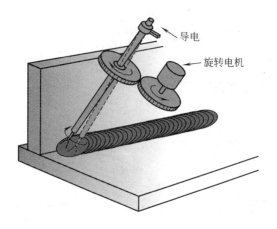

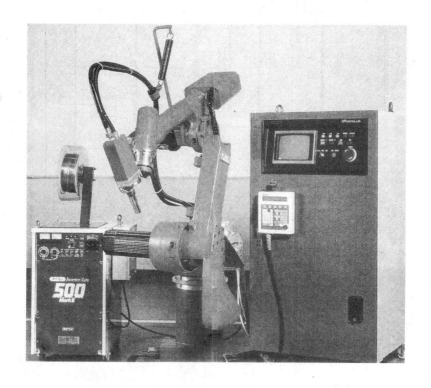

4. 常用焊接设备
4.1 逆变式直流弧焊机

4.2 半自动气体保护焊机

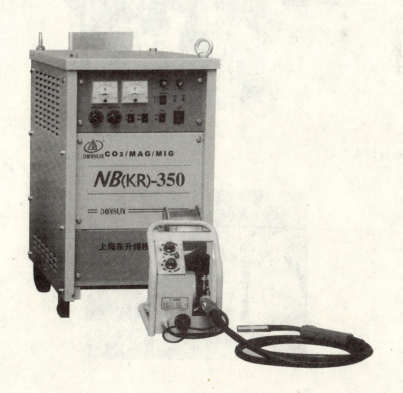

4.3 单丝埋弧焊机

4.4 双丝埋弧焊机

4.5 熔化嘴电渣焊机

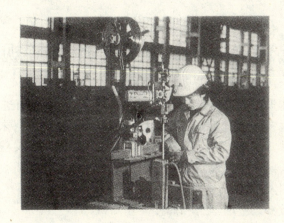

4.6 栓钉焊机

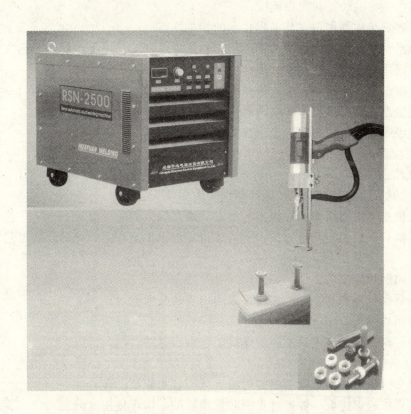

建筑钢结构焊接工艺师岗位规范

在我国，钢结构建设工程已有近百年的历史，近20多年来引进、吸收和消化了许多新技术、新工艺、新材料、新设备，钢结构建设工程成为一项方兴未艾的产业。根据一些钢结构施工企业的要求，希望能培养一批既掌握专业理论知识，又能动手操作、独当一面的焊接工艺师人才。为此，按照建筑钢结构焊接工艺师的工作性质，制订如下岗位规范：

1. 岗位必备的文化知识和专业知识：
（1）具备相当于大专以上的学历和焊接专业知识；
（2）从事钢结构焊接工作三年以上；
（3）熟悉钢材的性能和应用范围；
（4）了解钢结构制作和安装工程技术的相关规范；
（5）熟悉钢结构焊接的各种知识，收集和整理焊接工艺评定、焊接工艺文件；
（6）能运用电脑做焊接技术管理；
（7）了解、熟悉和遵守有关的法律、法规；
（8）能定期接受专业技术的继续教育；
（9）能吸收、消化国内外的先进技术。

2. 岗位应能达到的工作能力：
（1）按焊接特性遵照 JGJ 81—2002《建筑钢结构焊接技术规程》和 GB 50205—2001《钢结构工程施工质量验收规范》做好钢结构的焊接工艺工作；
（2）能根据不同钢结构工程施工的重点和难点提出解决对策；
（3）能拟订焊接工艺评定方案，主持并指导焊接工艺评定，并对焊接工艺评定的报告作出结论；
（4）能编制焊接工艺文件；
（5）能贯彻处理和焊接工艺文件过程中出现的技术问题；
（6）能对焊缝质量作出判断；
（7）能对每个钢结构建设工程的焊接工作做出总结。

3. 岗位职责：
（1）负责整个钢结构建设工程的焊接工艺制订和修改工作；
（2）处理工程焊接前、焊接过程中和焊接后的一切焊接技术问题；
（3）收集、整理工程中的焊接技术资料。

上海市金属结构行业协会培训部
2006年7月

后 记

随着钢结构行业的发展，科技的进步，制作安装工艺不断创新。不少企业引进、吸引、消化并创造了许多钢结构制作安装的新技术、新工艺、新材料和新设备，提高了工程质量，加快了施工进度，取得了良好的经济效益和社会效益。为了总结钢结构的制作、安装、焊接、涂装工艺，提高钢结构行业四个关键岗位的人员素质，协会组织专家分别编写了《建筑钢结构焊接工艺师》、《建筑钢结构制作工艺师》、《建筑钢结构安装工艺师》、《建筑钢结构涂装工艺师》，既总结了传统的工艺技术，又吸收了20世纪90年代以来，特别是近几年来大型工程施工中创造的许多先进的工艺技术，以满足不同企业的工艺需要。我们力求体现钢结构行业的特点，并尽量做到系统性、实用性和先进性的统一，供钢结构企业相关技术人员学习参考，同时为企业、学校培训钢结构人才提供系统的教材。参加本套丛书编写、评审的专家有：

沈　恭：上海市金属结构行业协会会长，教授级高级工程师

黄文忠：上海市金属结构行业协会秘书长，教授级高级工程师

朱光照：上海市华钢监理公司，高级工程师

顾纪清：海军4805厂，高级工程师

罗仰祖：上海市机械施工有限公司一分公司，高级工程师

张震一：江南造船集团有限公司，教授级高级工程师

杨华兴：上海宝冶建设有限公司钢结构分公司，高级工程师

许立新：上海宝冶建设有限公司工业安装分公司，高级工程师

毕　辉：上海通用金属结构工程有限公司，高级工程师

吴贤官：上海市腐蚀科技学会防腐蚀工程委员会，高级工程师

黄琴芳：海军4805厂，高级技师

黄亿雯：苏州市建筑构配件工程有限公司，高级工程师

肖嘉卜：江南造船集团有限公司，高级工程师

吴建兴：上海市门普来新材料实业有限公司，高级工程师

吴景巧：上海市通用金属结构工程总公司，副总工程师

吴海义：上海市汇丽防火工程有限公司，技术总监

顾谷钟：上海市无线电管理局，高级工程师

严建国：上海市金属结构行业协会副秘书长，副教授

此外，为本套丛书的编写提供有关资料的有施建荣、刘春波（上海宝冶建设有限公司钢结构分公司）、甘华松（上海通用金属结构工程有限公司）等有关同志，在此一并致以谢意！

根据行业发展的需要，下一步我们将出版《建筑钢结构材料手册》、《钢结构工程造价手册》、《钢结构工程监理必读》等工具书，同时还将聘请有关专家编写建筑钢结构高级工艺师培训教材和建筑幕墙施工工艺师培训教材。

上海市金属结构行业协会
2006年8月